DIFANG SUIJI SHENTOU TEXING SHIKONG YANHUA YU SHENTOU SHIWEN FENGXIAN YUCE YANJIU

# 堤防随机渗透特性时空演化与渗透失稳风险预测研究

赵晓明◎著

河海大学出版社
HOHAI UNIVERSITY PRESS
·南京·

**图书在版编目(CIP)数据**

堤防随机渗透特性时空演化与渗透失稳风险预测研究 / 赵晓明著. —南京：河海大学出版社，2022.11

ISBN 978-7-5630-7630-7

Ⅰ.①堤… Ⅱ.①赵… Ⅲ.①堤防—渗透性—风险管理—研究 Ⅳ.①TV871

中国版本图书馆 CIP 数据核字(2022)第 198720 号

**书　　名** 堤防随机渗透特性时空演化与渗透失稳风险预测研究
DIFANG SUIJI SHENTOU TEXING SHIKONG YANHUA YU SHENTOU SHIWEN FENGXIAN YUCE YANJIU
**书　　号** ISBN 978-7-5630-7630-7
**责任编辑** 杜文渊
**特约校对** 崔昊
**封面设计** 徐娟娟
**出版发行** 河海大学出版社
**地　　址** 南京市西康路 1 号(邮编:210098)
**电　　话** (025)83737852(总编室)　(025)83722833(营销部)
**经　　销** 江苏省新华发行集团有限公司
**排　　版** 南京月叶图文制作有限公司
**印　　刷** 广东虎彩云印刷有限公司
**开　　本** 700 毫米×1000 毫米　1/16
**印　　张** 12.125
**字　　数** 210 千字
**版　　次** 2022 年 11 月第 1 版　2022 年 11 月第 1 次印刷
**定　　价** 78.00 元

# 前　言

我国江河湖泊众多，水资源分布存在着空间和时间上的不均衡，堤防作为一种重要的防护结构，一旦发生破坏，将会带来极其严重的灾害。堤防破坏多发生在汛期，常见的破坏形式有漫顶破坏、局部渗流破坏、整体失稳破坏三种，均与水的渗流密切相关，因此，应重点关注堤防的水位变化，特别是汛期水位变动较大时堤防的渗流特性。然而，时空演化下，堤防逐渐形成了存在周期长、历史加固次数多、维护修建标准不一等特点，导致土体渗透系数存在强烈的随机性，这种随机性给堤防风险预测带来了更多的不确定性和偶然性，此时，确定性的分析方法受到了极大的限制。针对工程中的不确定性，随机有限元法是一种常用的不确定分析方法，尤其适用于堤防工程风险预测问题。本项目采用试验手段对堤防土体渗透系数进行研究，揭示堤防土体渗透张量空间分布特性；考虑渗透系数强变异性问题，提出堤防三维多介质随机场模型，采用数字图像展示随机场结构；构建堤防汛期三维随机渗流场求解方法，计算不同水位变化速率时渗流场响应量，揭示时空演化下堤防汛期三维随机渗透特性，为堤防工程的管理和运营提供综合的评估意见，实现更大的经济及社会效益。

全书分为7章，首先围绕堤防土体时空演化特点、渗透张量强空间变异特性这一科学问题展开研究。然后，通过模型试验、理论推导的方式对渗透系数随机场空间离散方法进行了分析，结合局部平均分割方法，建立了堤防三维渗透系数随机场计算模型。同时，考虑汛期降雨量一渗流时间相互作用，构建堤防汛期三维随机渗流场求解方法，揭示汛期堤防随机渗透特性时空演化规律。然后，基于堤防分区破坏机理，提出改进的堤防渗透失稳风险概率分析方法，揭示渗透系数强随机性与渗透稳定风险预测的内在联系。最后，以石臼湖堤防防洪能力提升工程为例，建立了堤防三维多介质渗透系数随机场，考虑水位变化的影响，分析了堤防汛期水力梯度变化规律，并预测了多工况下堤防渗透破坏的风险概率。

特别感谢恩师王媛教授对研究工作的指导和帮助。

感谢河海大学岩土工程研究所冯迪副研究员在试验过程中给予的大力支持和帮助。在背景资料的收集过程中,倪小东教授,周凌峰博士、牛玉龙博士也给予了宝贵的资料和无私的帮助,在此由衷地感谢你们。同时感谢阮怀宁、詹美礼、盛金昌、高玮等老师的帮助。此外,本书试验内容得到了金华、巩佳琨、刘阳、胡梦苏、Yousif、Mahdi、吴成龙等的指导与帮助,在此衷心表示感谢。

本书的出版得到了河南省高等学校重点科研项目"时空演化下黄河堤防河南段汛期三维随机渗透特性及工程应用研究"(22B570002)、河南省重点研发与推广专项(科技攻关)"黄河流域汛期堤防渗透致灾机理与风险预测关键技术研究"和国家"十三五"重点研发计划课题"堤防工程安全运行风险评价理论与管理研究"(2017YFC1502603)的资助,在此表示感谢。

# 目　录

第一章　绪论 …… 1
1.1　研究背景及意义 …… 1
1.2　国内外研究现状 …… 4
1.2.1　随机有限元的发展及现状 …… 4
1.2.2　LAS 随机场技术发展及现状 …… 6
1.2.3　随机渗流场研究现状 …… 8
1.2.4　堤防渗透失稳风险研究现状 …… 12
1.3　问题的提出 …… 14
1.3.1　堤防土体渗透系数统计及强变异性的界定 …… 14
1.3.2　需要解决的问题 …… 17
1.4　本书主要研究内容和技术路线 …… 18
1.4.1　本书主要研究内容 …… 18
1.4.2　技术路线 …… 20

第二章　基于 LAS 技术的三维多介质随机场模型及其数字表示 …… 21
2.1　引言 …… 21
2.2　常见的随机有限元方法 …… 21
2.2.1　Monte Carlo 随机有限元法 …… 22
2.2.2　Taylor 展开随机有限元法 …… 23
2.2.3　摄动展开随机有限元法 …… 24
2.3　随机场基本理论 …… 26
2.3.1　均值函数 …… 26
2.3.2　方差函数 …… 26
2.3.3　相关函数和协方差函数 …… 27
2.3.4　相关尺度和积分尺度 …… 28

2.3.5 局部平均法 …… 28
2.4 Local Average Subdivision 随机场离散方法 …… 30
2.4.1 公式推导 …… 30
2.4.2 渗透系数随机场 …… 35
2.5 三维多介质随机场及其数字表示方法 …… 36
2.5.1 三维多介质随机场 …… 36
2.5.2 单元灰度值的计算方法 …… 39
2.5.3 程序编制 …… 40
2.6 三维随机场离散程序数值验证 …… 42
2.6.1 变异系数对随机场分布规律的影响 …… 42
2.6.2 相关尺度对随机场分布规律的影响 …… 48
2.7 本章小结 …… 50

第三章 考虑强变异性的堤防三维稳定随机渗流场分析 …… 52
3.1 引言 …… 52
3.2 基于变分原理的三维稳定渗流场有限元解答 …… 53
3.2.1 泛函的基本定义及随机变分法 …… 53
3.2.2 求解自由面渗流的改进初流量法 …… 53
3.2.3 基于变分原理的三维稳定渗流场控制方程 …… 55
3.3 基于三维多介质随机场的堤防随机渗流场求解方法 …… 58
3.3.1 Monte Carlo 随机有限元法和渗透系数随机场 …… 58
3.3.2 程序编制 …… 59
3.4 响应量随变异系数和相关尺度变化规律研究 …… 59
3.4.1 模型尺寸 …… 59
3.4.2 渗透系数的确定 …… 62
3.4.3 随机计算结果分析 …… 64
3.4.4 溢出点高程随变异系数及各向异性比变化规律 …… 68
3.4.5 水头随变异系数及各向异性比变化规律 …… 70
3.4.6 水力梯度随变异系数及各向异性比变化规律 …… 75
3.5 本章小结 …… 79

第四章 考虑强变异性的堤防三维非稳定随机渗流场分析 …………………… 81
4.1 引言 ………………………………………………………………………… 81
4.2 基于变分原理的三维非稳定渗流场有限元解答 …………………… 81
4.2.1 基于变分原理的三维非稳定渗流场控制方程 …………………… 81
4.2.2 时间项的处理 ………………………………………………………… 86
4.2.3 自由面边界积分的计算方法 ………………………………………… 88
4.2.4 程序编制 ……………………………………………………………… 92
4.3 水位上升时响应量随变异系数和时间变化规律研究 ……………… 94
4.3.1 模型 …………………………………………………………………… 94
4.3.2 自由面和溢出点高程随变异系数和时间变化规律 ………………… 96
4.3.3 节点总水头和标准差随变异系数和时间变化规律 ………………… 97
4.3.4 迎水坡水力梯度和标准差随变异系数和时间变化规律 ………… 100
4.3.5 背水坡水力梯度和标准差随变异系数和时间变化规律 ………… 102
4.4 水位下降时响应量随变异系数和时间变化规律研究 …………… 105
4.4.1 模型 ………………………………………………………………… 105
4.4.2 节点总水头和标准差随变异系数和时间变化规律 ……………… 106
4.4.3 迎水坡水力梯度和标准差随变异系数和时间变化规律 ………… 108
4.4.4 背水坡水力梯度和标准差随变异系数和时间变化规律 ………… 110
4.5 本章小结 ………………………………………………………………… 113
第五章 三维饱和/非饱和随机渗流场联合求解方法研究 ………………… 115
5.1 引言 ……………………………………………………………………… 115
5.2 随机渗流场联合求解方法的提出 ……………………………………… 115
5.3 联合求解方法的设计思路和功能模块 ………………………………… 117
5.3.1 设计思路 …………………………………………………………… 117
5.3.2 功能模块实现方法 ………………………………………………… 118
5.3.3 程序的编制 ………………………………………………………… 126
5.3.4 程序验证 …………………………………………………………… 128
5.4 基于联合求解的堤防三维稳定随机渗流场分析 …………………… 130
5.4.1 模型 ………………………………………………………………… 130
5.4.2 联合求解所得自由面、总水头及流速分析 ………………………… 130

5.4.3 联合求解的优势与存在的问题 …… 134
5.5 本章小结 …… 134

**第六章 堤防渗流破坏及整体失稳风险预测研究 …… 136**
6.1 引言 …… 136
6.2 可靠度基本理论 …… 137
6.2.1 系统临界状态的功能函数 …… 138
6.2.2 求解系统可靠度的一次二阶矩法和JC法 …… 139
6.2.3 可靠度指标$\beta$的几何意义 …… 143
6.3 基于拉格朗日算子的改进JC法 …… 144
6.4 堤防分区破坏力学模型及风险概率分析 …… 145
6.4.1 堤防分区渗透破坏功能函数 …… 146
6.4.2 程序编制 …… 151
6.4.3 堤防分区破坏风险概率分析 …… 151
6.5 堤防整体破坏力学模型及风险概率分析 …… 158
6.5.1 三维边坡极限平衡理论 …… 158
6.5.2 堤防整体破坏风险概率求解方法 …… 161
6.5.3 堤防整体破坏风险概率分析 …… 163
6.6 本章小结 …… 165

**第七章 结论与展望 …… 167**
7.1 本书主要研究内容和结论 …… 167
7.2 展望 …… 169

**参考文献 …… 171**

第一章

# 绪　论

## 1.1　研究背景及意义

水是地球表面数量最多的天然物质，它覆盖了地球71%以上的表面，是人类赖以生存和发展的重要资源。自古以来，两河流域等水资源丰沛的地区都是人类聚居、发展最快的地区。水资源在空间上分布不均因，江河流域易受到洪水的威胁进而产生水灾，水灾威胁人民生命安全，造成巨大财产损失，并对社会经济发展产生深远影响。防治水灾虽已成为世界各国保证社会安定和经济发展的重要公共安全保障事业，但根除是困难的。有文献[1]提到，在自然因素作用下死亡的总人数中，由洪水引起的灾害造成的死亡人数占总数的75%左右。在世界范围内，洪水灾害发生的概率非常高，这种大范围性和高概率性决定了洪水灾害的严重性远远超过了其他灾害。在我国，河湖分布地域性强、面积广，洪涝灾害发生频率相当高，根据历史记载，公元前206年开始至公元1949年中华人民共和国成立，在此期间，大规模的洪水泛滥共发生了1 029次，从统计学角度上说，几乎每两年就会发生一次大规模洪涝灾害。

中华人民共和国成立后，国家在水利工程建设中投入了巨大的人力物力，取得了显著成就，修建了如葛洲坝、长江三峡等重大水利工程和诸多中小型工程。我国江河湖泊等水资源在空间和时间上分布不均匀，导致我国是世界上洪灾发生概率最高的国家之一，且具有较强的突发性。洪灾一旦发生，会在广大区域内造成严重破坏，严重威胁国家、社会和人们的安全。我国洪水多分布在长江、黄河、珠江、淮河、海河、辽河、松花江等流域的中下游地区。这些区域经济技术发达，人口众多，土壤肥沃，是我国重要的经济大省和粮食大省，据不完全统计[1]，我国至少有1/10的国土面积、5亿人口、5亿亩耕地、70%的工农业总产值受到洪涝灾害的潜在影响，给我国经济和社会的发展带来严重的影响。

根据相关资料[2-5]，洪灾具有发生频率高、受灾面积大、受灾人数多、直接经济损失巨大等特点，对地方、国家的整体规划和发展带来巨大的影响，对社会的稳定繁荣造成严重破坏，因此，如何减少洪水灾害是社会稳定发展需要解决的重要问题。

堤防是世界上最早广泛采用的一种重要防洪工程，筑堤是防御洪水泛滥，保护居民和工农业生产的主要措施。堤防工程通常沿江、沿河或绕湖修建，河堤约束洪水后，将洪水限制在行洪道内，使同等流量的水深增加，行洪流速增大，有利于泄洪排沙。堤防还可以抵挡风浪及抗御海潮。堤防按其修筑的位置不同，可分为河堤、江堤、湖堤、海堤以及水库、蓄滞洪区低洼地区的围堤等；按其功能可分为干堤、支堤、子堤、遥堤、隔堤、行洪堤、防洪堤、围堤（圩垸）、防浪堤等；按建筑材料可分为：土堤、石堤、土石混合堤和混凝土防洪墙等。由于水灾频发，灾情严重，国家每年都投入巨资来修葺与完善堤防工程建设，对存在风险的堤防工程进行加固维修，并采用科学的手段对新修建或加固的地方进行检测，以确保工程的施工质量和地方的防水性能。据水利部规划计划司 2009 年统计[6]，我国在 2008 年新修建的且验收合格的堤防全长有 5 115.2 千米，其中设计和修建标准属于一级和二级的堤防有962 千米。据统计，我国现存的江河堤防累计全长有 28.69 万千米，经新的规范验收合格的堤防有 11.28 万千米，达标率为 39.31%；一、二级堤防修建和运营质量经验收合格长度为 2.53 万千米，达标率为 74%；现存已修建堤防起着重要的挡水防护作用，对江河湖泊流域内人们的生命财产安全和耕地、基础设施等公共财产的安全起着重要的防护作用。

堤防工程如此重要，在实际使用过程中，由于各种原因，如特大暴雨、长期降雨、侵蚀、施工质量等，堤防失事的情况不可避免，而一旦失事，造成的影响和损失是难以估量的，因此需要对新建或已有堤防工程进行客观的评估，做到心中有数，对存在风险的地段要尽早采取措施，这对于减少由于堤防失事造成的损失有着重要的意义。

中国河流湖泊众多，历史上，两河流域又是人口经济最集中的地区，因此，历史上历朝历代对于堤防的修建都非常重视，在上千年的历史中，堤防经过反复的运行、损坏、加固，现存的堤防和原始的相比，已经完全变了模样，在每次修葺过程中，所采用的方法、材料等都存在一定的差异性，堤防的防水体系和内在的结构性也相应地发生改变，使其存在较大的随机性，并且土的固结过程不一样，其性质也会发生一定的改变。这种不确定性，为堤防工程的设计和评估带来了困难，如果不能全面地考虑这种随机性，会对其可能存在的隐患分析不足，在遇到特大洪水时，超出堤防本身的防护能力发生灾害，进而造成不可挽回的损失。

由我国河湖分布和历史因素可知，我国堤防工程存在以下特点[7]：

(1) 堤防时空跨度大。堤防工程主要沿河流湖泊而建，江河在空间上跨度巨大，如长江、黄河，横贯大半中国，在大跨度空间内，堤防的不同阶段，其所处的地理位置，自然水文条件，管理条件以及堤防本身的结构都可能存在较大的差异。中国历史上曾多次对已有堤防进行整修和加固，受限于当时的技术手段，堤防的结构和填筑材料也会产生较大的差异，不同时期堤防，其填筑材料沉积固结过程也有较大的差异，使堤防工程变得更加复杂。

(2) 堤防防洪标准低。现有堤防大都是在历史已存在堤防的基础上修建的，不同历史时期，堤防的修筑水平与当时的经济技术发展水平有密切关系，随着人们对堤防工程认识的深入，相应的修建标准也在不断优化提高。

(3) 堤防填筑材料的强变异性，实际堤防工程主体多采用土体填筑，自然界的土体由于固结过程等原因，本身就存在一定的变异性，又受到人类活动的影响，进一步加大了其变异性，而特点(1)和(2)更使得堤防的不均匀性和变异性显著提高。

(4) 堤防所保护区域重要。中华文明发源于两河流域，此处也为我国传统的经济文化发达区域，两河流域堤防修筑规模大、数量多，一旦发生破坏，会带来特别重大的灾害。

(5) 堤防管理水平不高。由于在祖国大地上分布着数量众多的堤防，在如此广大的区域内实现高水平的管理是一件非常困难的事情，在不同的区段上普遍存在着不同的管理漏洞。

特点(1)～(3)决定了堤防工程填筑材料存在较大的随机性，此外，其设计、施工、运营、管理、所处环境等各个环节都存在相当多的随机性，在这些随机性中，有一些是由于人的因素导致的不可预测性，比如施工质量、管理模式、个人的责任心等；另外一些则是自然界所固有的随机性，如材料的缺陷、裂纹和环境变化等。如果考虑所有已知的随机性，堤防工程的稳定分析将是一个繁复浩大的工程，因此在本书的分析过程中，对各种随机性进行了简化，主要从材料的随机性对堤防工程的稳定性的影响方面进行研究。

材料的随机性即材料属性在空间分布上的随机性，指材料在其形成、搬运、使用过程中由于自然因素或人为因素引起的材料属性在空间分布上的不均匀性，本书主要指堤防工程所用材料，由于各种原因造成的在堤防不同位置，其属性呈现出一定的差异性，在我国，堤防多采用黏土作为主要材料进行修建，根据有关文献[8]，黏土的一些力学性能在空间上服从一定的概率分布。

张贵金等 2005 年[9]指出，在我国，约有 1/3 的土坝事故是由于渗流破坏所引起的，从上文可以看到，由于堤防工程本身存在的众多随机因素，所面临的环境条件更加复杂，比土坝更容易发生渗流破坏，因此，堤防工程渗流稳定性是我们所必须考虑的。同时由于堤防结构从本质上来说，是一个土坡结构，其材料多为黏土，在汛期多面临高水位的影响，其发生边坡失稳的可能也不应忽略。

在堤防渗流分析中，填筑材料渗透系数的空间变异性改变了渗流场流线和等势线的分布，与确定性分析相比较，溢出点高程、水力梯度、渗流力流量等发生了明显改变。因此考虑材料随机性，特别是大空间变异性作用下堤防的渗透特性具有重要的理论意义和工程价值，可以更客观地反应堤防工程的特点，为堤防工程的管理和运营提供综合的评估意见，实现更大的经济及社会效益。

## 1.2 国内外研究现状

### 1.2.1 随机有限元的发展及现状

对于工程中的不确定问题，随机有限元法是一种行之有效的计算方法，Hart 等[10]在 1970 年建立了线性随机响应统计模型，基于物理量的随机性计算静态挠度、频率和屈曲载荷的不确定性程度，这是较早关注于材料不确定性的研究。Shinozuka 等 1976 年[11]采用蒙特卡罗法研究了陶瓷材料的非均质特性，提出了确定材料随机性的概率求解模型。Astill 等 1972 年[12]基于蒙特卡罗法，分析了冲击荷载作用下应力波在随机结构中的传播特性，蒙特卡罗法需要大量随机抽样，早期受限于计算效率，难以在实际问题中应用，随着科技的发展，应用难的问题被逐渐解决[13, 14]。Dendrou 等 1978 年[15]提出了半随机模型，该模型采用相关性来预估物理参数的不确定性。Beacher 等

1981 年[16, 17]采用随机方法对大型柔性基础沉降量进行预测，分析中将系统随机变量在其均值点处采用泰勒级数进行展开，故此法又被称为泰勒展开随机有限元法，简称 TSFEM。随后，Handa 和 Hisada 1981 年[18, 19]提出了摄动展开随机有限元法，简称 PSFEM，相继地，摄动法得到了推广应用[20]。Vanmarcke 1983 年[21, 22]提出了随机场的概念，引入相关尺度、变异系数来描述随机场，概述了局部平均随机场[23]基本概念。

Liu 等在 1988 年[24]优化了摄动展开随机有限元法，将随机变量的协方差矩阵进行正交变换，提高了计算效率。Besterfield 等 1991 年[25]基于摄动法，提出了构件在循环载荷下疲劳失效概率的综合计算方法。Shinozuka 等 1988 年[26]基于纽曼级数提出了 Neumann 展开随机有限元法，简称 NSFEM，该法计算效率相对较高且精度满足工程需求。同年 Yamazaki 等[27]基于 Neumann 展开技术，考虑材料随机性，研究了结构变异问题。Kiureghian 等 1988 年[28]研究了随机场中相关尺度对结构可靠性的影响，提出了基于梯度分析的随机有限元法。Takada 1990 年[29, 30]引入加权积分法，提出了加权积分随机有限元法，简称 WISFEM。之后，Deodatis 1991 年[31, 32]采用随机方法对加权积分中的刚度矩阵和响应量的变异性进行了分析，拓展了加权积分随机有限元法。文献[33-39]采用加权积分随机有限元法或随机谱分析方法对工程问题进行了分析，进一步扩展了随机有限元的应用范围。Rajashekhar 等 1993 年[40]在可靠度分析中，采用多项式逼近系统临界状态功能函数，发展了随机有限元的响应面法，简称 RSSFEM。文献[41-46]也对随机有限元法进行了阐述，并对工程中的一些问题进行了分析。

随机有限元法在国内的研究开始得较晚，朱位秋等[47-49]首先基于局部平均理论对工程中的随机问题进行了研究。之后，吴士伟等将有限元的控制方程直接对随机变量进行偏微分，提出了直接偏微分随机有限元法[50]。Ren 等 1991 年[51]基于局部平均法对随机变量随机场进行了离散，分析了裂纹板强度因子的统计特征。吴士伟等[52, 53]将直接偏微分随机有限元法应用到拱坝的失效模式判断和结构的可靠度分析中，进一步发展了直接偏微分方法。

刘宁等 1996 年[54, 55]推导和扩展了直接偏微分随机有限元法，并将其应用在三维弹性材料和弹塑性材料的力学性质随机分析中。文献[56-58]将直接偏微分随机有限元法应用于重力坝及相关水利工程中，取得了良好的效果。1993 年陈虬[59]综述了蒙特卡罗随机有限元法、摄动展开、纽曼展开随机有限元法，推导了基于变分原理的随机有限元列式，并对其在结构可靠性、结构动力学等方面的应用进行了分析。秦权[60, 61]对空间分解法、谱分析法等随机场离散方法进行了推导，总结了随机有限元的研究和进展，对其工程应用进行了展望。在随机有限元法的推广应用中，如何获得随机变量的统计特征值是一个较为困难的问题，为了避免大量重复的试验操作，吴吉春等[62-64]对随机变量特征值获取方法进行了一些研究，取得了良好效果。

为了解决实际问题中广泛存在的非线性问题，大量研究人员对非线性随机有限元方法进行了研究和探讨。Liu 等[65]在研究非线性问题的随机性时，将结构整体平衡方程直接对随机变量求偏导，进而求解结构非线性解答。Hisada 等[66]从结构的荷载加载历史出发，采用摄动展开随机有限元法，分析了系统的加载过程和卸荷过程对非线性问题的影响，受限于摄动法基本原理，只有在随机变量个数很少时，才能取得较高的计算效率。Papadrakakis 等[67]采用共轭梯度法，对空间非线性结构的随机变量问题进行了分析。Schorling 等[68]将响应面法和蒙特卡罗随机有限元法相结合，对几何非线性问题的可靠度进行了随机有限元求解。姚耀武等[69]基于非线性有限元理论和可靠度理论，建立了非线性随机有限元模型，并给出了理论推导公式。

### 1.2.2 LAS 随机场技术发展及现状

随机场理论较早出现于数学和物理领域，Cooley and Tukey 在 1965 年[70]提出了 Fast Fourier Transform (FFT)快速傅里叶变换方法可用于随机场的生成；Matheron 在 1973 年[71]提出了 Turning Bands Method (TBM)随机场生成方法，该方法计算精度与线条数量正相关；Mantoglou and Wilson 在 1981 年[72]进一步阐述了 TBM 随机场理论，并对多种随机场进行了模拟。

到了 20 世纪 80 年代，Vanmarcke 1983 年[21]提出了局部平均随机场理论，该方法将材料的空间变异性在有限空间内进行平均，用局部平均值和标准差表示随机变量在空间内的变异特性。Fenton 于 1990 年[73, 74]提出了基于 Local Average Subdivision (LAS)技术的随机场理论，对一维或二维的随机变量，给出其分布类型和统计参数如均值、标准差和相关尺度等，即可离散对应随机场，这种技术具有收敛快，理论误差小等优点。之后，Vanmarcke 等 1991 年[75]通过工程实例，进一步验证了随机方法的可靠性。Griffiths 等 1993 年[76]基于 LAS 技术，对土体有压渗流随机特性进行了研究，分析了渗流场流线、总水头及其标准差分布规律。Fenton 等 1993 年[77]估计了土体渗透系数分布，卡方检验表明，对数正态分布与实际拟合较好。Fenton 1994 年[78]介绍了三种常见的随机场生成技术：(1) the Fast Fourier Transform Method；(2) the Turning Bands Method；(3) the Local Average Subdivision Method，总结了优缺点，提出了减小误差的建议。Fenton 等 1996[79]和 1997 年[80]研究了重力坝断面内水力梯度的随机特性，以期对工程设计有所指导。之后 Fenton 等还对渗流溢出点的随机特性进行了研究[81,82]。Fenton 1999 年[83,84]考虑土体参数的随机性，对如何选择合理的相关模型及其参数估计等问题，采用样本协方差、谱密度、方差函数、变差函数和小波方差函数等工具，研究了对应于有限尺度和分形模型的随机特性。Griffiths 等 2006 年[85]介绍了工程可靠度分析中常见的破坏面搜索方法。Fenton 等 2007 年[86-88]系统介绍了随机场的基本理论及常见的随机场离散方法，详细推导了 LAS 随机场离散技术，对其精度和误差进行了讨论，其后，综述了可靠度方法在地基承载力、边坡稳定等岩土工程问题中的拓展应用。Fenton 等 2008 年[89,90]考虑工程中广泛存在的不确定因素，基于随机有限元方法，介绍了岩土工程中的风险评估方法。Griffiths 等 2009 年[91]基于随机场理论，考虑抗剪强度的随机性，分析了边坡的稳定性。Naghibi 等 2012 年[92,93]考虑土体的随机性，对桩基的沉降进行了随机有限元分析，之后对深基础的极限平衡设计方法进行了论述，并考虑了多种参数的影响。Fenton 等 2015 年[94]介绍了加拿大公路桥梁设计规范中的岩土工程可靠度设计原则。Zhu 等 2015 年[95]考虑不排水强度参数，对土坡失稳的力学机理进行了随机有限元分析。Pieczyńska-Kozłowska 等 2015 年[96]基于随机有限元法，将土体视为各向异性非均质材料，对其承载力进行了可靠度分析。Fenton 等 2016 年[97]综述了岩土工程中的可靠度理论，提出了统一的计算模型，包括材料空间变异性、对现场的理解和事故后果的严重性三个方面。Zhu 等 2019 年[98]采用随机有限元方法分析了不排水边坡的可靠度，重点关注最坏工况下的相关尺度，即失效概率达到最大值时的相关尺度。结果表明，当平均安全系数较低或变异系数较高时，最坏情况最易出现。

Ahmed 2009 年[99]基于随机场理论，探明了二维重力坝自由面渗流中水力梯度与变异系数、各向异性比的关系，之后研究了二维水工结构物下各向异性非均质土体的随机渗流特性[100]，揭示了渗流场响应量与随机场之间的联系。Griffiths 2012 年[101]基于风险分析理论，对岩土工程中广泛存在的强变异问题，给出了稳定性分析方法。

### 1.2.3 随机渗流场研究现状

渗透系数是渗流计算中的重要参数，在确定性有限元计算过程中，认为渗透系数不具有空间变异性，任一点的渗透系数都是相同的。在实际工程中，特别是堤防工程，由于时间和空间原因，土体多具有强烈的空间变异性，此时仍然把渗透系数当成一个确定值来考虑，与实际情况不符。随着随机理论的发展，渗透系数的空间变异性逐步成为不可忽视的因素。

Freeze 1971 年[102]将整个土坝视为多孔介质，对渗流场进行综合分析。提出了二维或三维渗流问题的有限差分解，涉及非均质各向异性坝体的饱和与非饱和瞬态或稳态流。Bathe 等 1979 年[103]提出了一种求解自由面渗流问题的有限元分析方法，与工程实践相对比，验证了解答的正确性。Sudicky 1986 年[8]对两个岩体横截面取样，测量了岩心渗透率，研究了 Borden 含水层中水力传导系数的空间变异性。Dagan [104]认为，土体渗透系数的空间变异性，导致了土体渗流场响应量存在一定的随机特性，二者密切相关。Dykaar 等 1992 年[105]利用谱分析方法，计算了三维各向同性平稳渗透系数随机场，通过 6 例实地调查得出的渗透系数变化范围在 1 和 6 之间，验证了计算结果。Gelhar 1993 年[106]依据统计的地下水流动数据，提出一个数学模型，验证了地下水流动和传输过程中的空间变异性和随机性。Dagan 1993 年[107]依据流体在层状多孔介质中的运移规律，对材料渗透系数进行了回归分析，认为渗透系数在空间上服从一定的分布函数，进而根据概率密度函数推导了渗透系数的分布规律。Fenton 等 1996 年[79]将渗透系数看成服从对数正态分布的空间随机场变量，采用蒙特卡罗法对重力坝的自由面渗流问题进行了分析，得出了重力坝内流速的随机分布特性，进而提出了一种预测坝体渗流速度的方法。Cedergren 1997 年[108]提出了一种依据渗流理论求解流线和等势线的方法。Upadhyaya 等 2001 年[109]基于布辛尼斯克(Boussinesq)基本解，预测了不透水层上无约束水平含水层的瞬态地下水位变化规律。Kahlown 等 2004 年[110]研究了河道岸坡状况与组成对水土流失的影响，探讨了减少河道岸坡水土流失的方法。测量表明，流失率虽然受土壤性质的影响，但河道岸坡条件和组成的影响更大，观察得出，80%的水土流失发生在旧河道顶部 8cm 范围内。Ahmed 等 2009 年[111, 112]假设渗透系数服从对数正态分布，对重力坝的自由面渗流问题进行了分析，结果显示，与确定性分析相比较，随机分析所得渗流量变小，自由面位置降低。文献[8, 113, 114]从砂层中溶质运移的自然梯度实验入手，研究了水力传导系数的空间变异性及其对溶质运移的影响。文献[115, 116]从砂质含水层中溶质运移的自然梯度实验入手研究了非化学反应示踪剂平流与弥散过程中的随机特性，文献[117-120]也采用随机的方法对稳定渗流进行了研究。

随着随机有限元理论的发展，国内也逐步掀起了随机理论研究的高潮。王飞等 2009 年[121]基于一阶泰勒展开随机有限元法，考虑不同的变异系数和相关尺度，研究了堤防渗流场响应量的随机分布特性，与蒙特卡罗法对比，验证了计算方法的正确性。王亚军等 2007 年[122]采用蒙特卡罗法计算了长江堤防的三维随机渗流场，结果显示，在进行防渗处理后，堤防抗渗性能达到了较好的效果。盛金昌等[123, 124]基于等效连续介质，研究了岩体裂隙几何参数随机性和裂隙岩体渗透系数随机性之间的关系，基于一阶泰勒展开随机有限元法分析了裂隙岩体的随机渗流特性。李锦辉等 2006 年[125]推导了三维稳定渗流的随机有限元列式，编制了计算程序，分析了堤防的随机渗透特性。王飞 2011 年[1]基于一阶泰勒展开随机有限元法，对三维稳定非稳定随机渗流进行了分析，并把计算结果应用到堤防风险预测当中。宋会彬 2014 年[126]采用复数表示参数的空间变异性，对堤防渗流及边坡稳定问题进行了研究，其中实部表示参数的均值，虚部表示参数的标准差，这种方法计算效率高，有利于随机方法在实际工程中的应用。文献[127-132]也采用随机的方法对土体渗透系数或渗流特性进行了分析。

以上研究采用的泰勒展开法或者摄动法，为了达到较高的计算效率，往往忽略了控制方程的高阶展开式，因此，对于土体的均匀程度有一定的要求，一般认为，采用一阶泰勒展开时，随机变量变异系数不大于 0.2，由前文可知，堤防渗透系数存在强烈的变异性，因此应用受到了限制。

目前，对于非稳定随机渗流场的研究多集中在一维和二维空间。Freeze 1975 年[133]在长 100cm 的模型上采用蒙特卡罗法对一维渗流问题分别进行了稳定和非稳定分析，结果表明，两种情况下，水头函数及其标准差分布规律各不相同。Budhi 1978 年[134]基于随机有限元法对水的渗流过程进行了分析，Dettinger 等 1981 年[135]针对二维地下水渗流问题，推导了一阶和二阶泰勒展开随机有限元法控制方程，对边界条件的时变问题进行了探讨，计算结果表明，初始条件的随机性增加了计算的复杂性，且由于泰勒展开法的固有属性，考虑渗透系数的强随机性时，计算量成指数增加。Gutjahr 等 1981 年[136, 137]对二维地下水渗流进行了随机分析，结果表明，分别考虑定水头和不定水头时，结果呈现出明显的差异性，同时具有一定联系。Yeh 等 1985 年[138]对非均质土体进行了非饱和分析，得到了较好的结果，Dagan 1989 年[104]推导论证了多孔介质渗流理论，Zhu 等 1997 年[139]基于边界元理论，考虑边界条件的随机性和时间的影响，对半承压含水层的渗流特性进行了分析和推导。Roy 等 1997 年[140]采用 Karhunen-Loéve 展开法对土体渗透系数进行离散，结合随机边界元法对多孔介质渗流问题进行了分析，与蒙特卡罗法计算结果对比，验证了理论的可行性。Karakostas 等 1998 年[141]对二维承压含水层中的地下水渗流特性进行瞬态分析，将水的扩散性视为随机变量，采用随机边界元法进行计算，并将结果与蒙特卡罗法进行对比，验证了方法的正确性。Osnes 等 1998 年[142]将单相流中的渗透系数采用一阶摄动法展开，提出了一种行之有效的计算多孔介质随机渗流的方法，通过对比分析，证明了方法的高效性和适应性。Ghanem 等 1998 年[143]推导论证了多孔介质中多相流的随机分析方法，将多孔介质渗透系数采用 K-L 展开，对节点上未知的饱和度和水头采用谱分析法展开，计算了多孔介质两相流随机特性，得到了较好的结果。Zhang 2002 年[144]介绍了多孔介质渗流分析中的随机方法，推导了多种随机变量展开式。Bruen 等 2004 年[145]考虑径流含水层之间的渗流状况及连接或断开状态，基于蒙特卡罗法对含水层饱和渗透系数空间变异性的敏感性进行了分析。Yang 等 2004 年[146]提出了一种分析土体饱和非饱和渗流的随机方法，将对数渗透系数和土体空隙分布因子视为服从正态分布的随机变量，均值和标准差由统计获得，随机变量的空间变异性通过 Karhunen-Loéve 展开表述，并通过算例验证了该方法的可行性和合理性。

姚磊华 1996 年[147]基于二阶泰勒展开随机有限元法，推导了节点水头函数的均值、方差和协方差理论表达式，通过二维承压地下水随机渗流分析验证了方法的正确性。之后对地下水流模型和水质模型的随机问题展开了进一步研究，基于纽曼展开蒙特卡罗随机有限元法，解决了二维承压地下水非稳定随机渗流过程中随机变量增多的问题，计算结果通过工程实例得到了验证[148]。朱军，姚磊华等[149, 150]将 Taylor 展开式、摄动原理、待定系数法与有限元理论相结合，发展了一种待定系数的解决地下水渗流问题的摄动随机有限元法，利用公式推导得出水头函数均值和方差的理论表达式，避免了求解水头函数的一阶和二阶偏导数，降低了计算量，针对二维承压地下水随机渗流问题，比较数值解和理论解验证了方法的正确性。盛金昌等[123，124]在研究裂隙岩体渗流场的随机特性时，将岩体视为等效连续介质，裂隙基本几何参数视为随机变量，采用一阶泰勒展开随机有限元法进行了分析。陆垂裕等2002年[151]将渗透系数视为随机变量，其他参数视为确定量或空间与时间的函数，采用蒙特卡罗法对二维堤防随机渗流稳定性进行了分析，得出了积极的结论。

王媛等[152]2009年将岩体介质渗透张量视为三维各向异性空间随机场，基于局部平均法对三维可分离向量进行离散，得到一系列随机变量来近似描述随机场，然后基于一阶摄动法和随机变分原理，推导了三维非稳定渗流场随机有限元列式，通过对随机有限元列式的求解，得到非稳定渗流的随机渗流场。王亚军等2007年[122]推导了各向异性非均质材料随机渗流场的三维随机有限元列式，开发了三维随机模型，假设渗透系数服从高斯分布，基于自研模型对长江荆南干堤进行了三维随机渗流场模拟，考虑了上下游水位的动态变化，得到了边界条件的随机性及其对随机渗流场的影响。李少龙等2006年[153]基于K-L展开和摄动技术，考虑渗透系数与含水率的空间变异特性，将其视为随机变量，推导了二维非饱和随机渗流的有限元列式并编制计算程序，算例表明，在非饱和渗流区域，水头和含水率函数的变异性与土壤干燥度成正线性相关，土体相对粗糙度敏感。

以上学者主要关注一维或二维空间内的地下水渗流问题，采用的方法有一阶或二阶泰勒展开随机有限元法、摄动展开随机有限元法、随机边界元法，通过与蒙特卡罗法计算结果对比，验证方法的正确性和合理性。自然界中，渗流是一个三维非稳定随机过程，而相关研究还多停留在稳定随机阶段。已有的三维随机分析模型与工程实际仍然有较大的区别，在汛期，水位变动尤为明显，三维稳定随机渗流分析已不再适用。目前，堤防的三维非稳定随机渗流分析研究较少，开展汛期三维非稳定随机渗流特性研究具有积极的经济和社会意义，对堤防渗透致灾机理与预警防护研究起到积极的推动作用。

### 1.2.4 堤防渗透失稳风险研究现状

理论分析法和数值分析法是常用的系统可靠度计算方法，其中，理论分析法有JC法、一次二阶矩法、高阶矩法和响应面法等。JC法，因被国际结构安全度联合委员会(JCSS)所采用而称为JC法，又叫改进中心点法，对随机变量概率密度函数无特殊要求，适用于多种条件下结构可靠度指标的求解。在我国，《建筑结构设计统一标准》《水利水电工程结构可靠性设计统一标准》《铁路工程结构可靠性设计统一标准》等诸多标准都规定采用JC法进行结构的可靠度计算。

1978年，Rackwitz等[154]针对中心点法的局限性，提出了一种求解复杂荷载作用下结构可靠度的改进验算点法，即JC法，将系统承受的荷载视作互相独立的随机变量，考虑随机变量概率密度函数的分布规律，采用改进的一次二阶矩法计算了复杂荷载作用下结构的可靠度。Hasofer等1974年[155]对求解多变量系统可靠度的一次二阶矩法进行了深入探讨，改进了求解过程。为了简化实际计算时的方程，引入了小方差的假设，提高了计算效率。针对不同的问题，尽管系统破坏准则与其所代表的物理过程千变万化，但求解过程中的公式形式保持不变，这给求解不同类型问题带来了极大的便利。Ang等1974年[156]提出了解决不确定问题的建模原则和分析方法，以及用于评估系统可靠度的概率。

Kiureghian等1987[157]年基于二阶矩法发展了一种计算结构可靠度的方法，这种方法将临界曲面近似地看成一个抛物面，并对验算点附近的离散点进行检验，在有限的计算次数内找出距离原点最近的离散点，将其视为最优点。与其他方法相比较，这种方法计算简单，运行效率高，对极限状态面的噪音不敏感，结果与高阶方法相类似。Yao等1996年[158]将响应面法和快速积分相结合，提出了一种求解不确定系统结构可靠度的近似方法，找出影响结构可靠度的主要随机变量，用二阶多项式表示随机变量均值和变异系数随时间变化的规律，并假设随机变量服从极值分布。算例表明，这种方法特别适合系统可靠度对参数分布规律敏感的结构。

常用的数值分析法有蒙特卡罗法和重要抽样法等，Melchers 1990年[159]将重要性抽样作为蒙特卡罗概率求解过程中的一种特殊技术，对非高斯相关随机变量和非线性极限函数进行处理，使其具有合理的收敛速度，进而提出了一种替代方法,可对重要采样函数进行指导和校正。Dey 等 2000 年[160]提出了一种估计脆性时变系统可靠度的自适应重要抽样方法,消除了早期存在的理想化假设,使用简单的枚举法识别系统的一个完整失效序列,以便将可靠度分析模块添加到结构分析中。提出了系统故障概率的快速精确估计方法,通过数值算例进行了验证。Hong 1999 年[161]改进了一次二阶矩法,胡志平等[162]2005 年由 JC 法几何意义出发,改进了盾构衬砌管片可靠度计算模型,在进行求解时,功能函数可不对各个随机变量求偏导。将复形优化法引入到 JC 法基本原理,编制了计算程序,算例表明,这种方法避免了每次循环时进行的 R-F 变换,显著提高了计算效率,特别适用于功能函数非线性程度较高或为隐函数时的衬砌结构可靠度计算。张建仁等 2002 年[163]介绍了三种常见的求解结构可靠度的方法:蒙特卡罗法、几何法和 JC 法,针对常见的概率密度函数,推导了相应的计算公式,简化了求解步骤,提高了计算效率,并通过算例进行了验证。谢小平等 2006 年[164]基于 JC 法基本原理,对设计洪水地区组成进行了分析和计算,针对洪水的时效性特点给出了洪水过程线,通过多种组合分析,求解了最不利洪水地区组成,获得了设计洪水位时不同断面的风险概率。黄灵芝等[165, 166]分别对重力坝的深层抗滑稳定和水工结构设计洪水分析中的一系列问题如功能函数的确定,各随机变量概率密度函数的确定等问题进行了调研和分析,基于 JC 法的基本原理编制了计算程序,并将其应用于实际工程。陈东初等 2013 年[167]对鄱阳湖区廿四联圩多年的水文特征进行了分析,采用 JC 法建立了堤防漫溢风险概率计算模型,分析了三峡大坝运营前后该地区堤防的漫溢风险。原文林等 2011 年[168]在特定的防洪标准下,对刘家峡、龙羊峡水库下游地区的洪水地区组成进行了分析,采用 JC 法建立了梯级水库洪水地区组成风险分析计算模型,分析了洪水最不利地区组成中的水量分配和防洪安全问题。杨上清等[169]对强震下的土石坝坡进行了时程分析,结果代入 JC 法计算程序,进而求解动力作用下边坡安全系数及最小可靠度指标。罗丽娟等 2016 年[170]对抗滑桩受力特性进行分析,将潜在滑块的重度、黏聚力和内摩擦角以及压缩模量视为随机变量,针对滑坡抗滑桩的受力特点,构造了相关的功能函数,建立了抗滑桩结构可靠度计算模型,通过实际算例验证了计算模型的正确性。

常规 JC 法求解时,将系统荷载和抗力视为互相独立的随机变量,随着研究的深入,面临的问题增加,如随机变量的相关性、JC 法的收敛效率、非线性功能函数或隐式功能函数，此时线性功能函数不足以表达系统的特性，导致错误的分析结果。基于此，许多学者对JC法进行了改良。李典庆等2002年[171]提出了一种改进的JC算法，在计算不收敛时，保持收敛准则不变，将可靠度指标β的赋值函数进行修改，以实现快速收敛的目的，算例证明，改进的JC法计算精度与JC法基本一致。李继祥等2004年[172]基于JC法原理，提出了一种可快速收敛的结构可靠度计算方法，修正了可靠度指标的迭代初始值，改进了JC法求解过程，避免了JC法计算过程中的不收敛现象，并通过算例进行了验证。李继祥2005年[173]对JC法的改进方法进行了综述：通过修正可靠度指标β的赋值方法，提高了功能函数为线性函数时JC法的收敛性和计算效率；当功能函数为隐函数具有强烈非线性特征时，采用差分法求解功能函数对随机变量的偏导；在迭代步骤中，可靠度指标的表达式为非线性方程时，采用线性逼近的方法进行求解，解决了常规情况下功能函数必须为显示表达的问题；在结构抗力中引入时间参数，将JC法的应用范围拓展到时变结构。大量文献表明，改良的JC法可用于求解各类工程结构的可靠度问题。

## 1.3 问题的提出

### 1.3.1 堤防土体渗透系数统计及强变异性的界定

在土体的参数中，渗透系数取值范围较大，钱家欢等[174]给出的不同土体的渗透系数参考值如表1.1所示。由上节内容可知，堤防工程中存在着广泛的不确定性，特别是由于时间和空间的原因，堤身和堤基材料的空间变异性尤其突出，通过查阅南京市固城湖、石臼湖堤防工程地质勘察报告[175, 176]和室内试验研究对两湖堤防渗透系数进行统计，表1.2—表1.4为南京市固城湖堤防第Ⅰ、Ⅱ、Ⅲ工程地质单元中土体渗透系数统计表，可以看到，在第Ⅰ工程地质单元中，变异系数最小值为0.387，最大值为2.533；在第Ⅱ工程地质单元中，变异系数最小值为0.63，最大值为2.431；在第Ⅲ工程地质单元中，变异系数最小值为0.895，最大值为2.518，这充分体现了固城湖堤防土体渗透系数的强变异性。（南京市石臼湖堤防土体渗透系数统计值也呈现相似规律，此处不再列出。）

表 1.1 土体渗透系数参考值(cm/s)

| 土体种类 | 渗透系数 | 土体种类 | 渗透系数 |
| --- | --- | --- | --- |
| 砂质砾 | 0.1～0.01 | 粉土 | 1E-3～1E-4 |
| 粗砂 | 0.05～0.01 | 粉质黏土 | 5E-6～1E-4 |
| 细砂 | 5E-3～1E-3 | 黏土 | <5E-6 |

表 1.2 固城湖堤防第Ⅰ工程地质单元土体渗透系数($10^{-6}$ cm/s)统计表

| 地层 | 方向 | 试样个数 | 均值 | 标准差 | 变异系数 |
| --- | --- | --- | --- | --- | --- |
| 重粉质壤土 | 水平 | 16 | 14.418 | 21.029 | 1.459 |
| | 竖直 | 10 | 4.641 | 2.297 | 0.495 |
| 中、重粉质壤土 | 水平 | 8 | 7.936 | 13.186 | 1.661 |
| | 竖直 | 2 | 1.460 | 0.566 | 0.387 |
| 黏土 | 水平 | 13 | 11.855 | 22.329 | 1.884 |
| | 竖直 | 7 | 12.854 | 32.565 | 2.533 |
| 淤泥质重粉质壤土 | 水平 | 6 | 6.942 | 6.831 | 0.984 |
| | 竖直 | 4 | 1.050 | 1.032 | 0.983 |
| 淤泥 | 水平 | N/A | | | |
| | 竖直 | 2 | 0.265 | 0.185 | 0.698 |
| 重粉质砂壤土 | 水平 | N/A | | | |
| | 竖直 | 2 | 3.755 | 2.175 | 0.579 |
| 中、重粉质壤土 | 水平 | 12 | 1.439 | 1.707 | 1.186 |
| | 竖直 | 11 | 0.680 | 0.789 | 1.160 |

表 1.3 固城湖堤防第Ⅱ工程地质单元土体渗透系数($10^{-6}$ cm/s)统计表

| 地层 | 方向 | 试样个数 | 均值 | 标准差 | 变异系数 |
| --- | --- | --- | --- | --- | --- |
| 重粉质壤土 | 水平 | 21 | 24.315 | 48.443 | 1.992 |
| | 竖直 | 13 | 5.285 | 7.464 | 1.412 |
| 中、重粉质壤土 | 水平 | 5 | 4.578 | 3.210 | 0.701 |
| | 竖直 | 3 | 5.910 | 3.725 | 0.630 |
| 黏土 | 水平 | 3 | 0.433 | 0.397 | 0.916 |
| | 竖直 | 5 | 13.256 | 29.038 | 2.191 |

（续表）

| 地层 | 方向 | 试样个数 | 均值 | 标准差 | 变异系数 |
|---|---|---|---|---|---|
| 淤泥质重粉质壤土 | 水平 | 6 | 3.717 | 3.151 | 0.848 |
| | 竖直 | N/A | | | |
| 中、重粉质壤土 | 水平 | 20 | 5.867 | 13.081 | 2.230 |
| | 竖直 | 16 | 3.311 | 8.049 | 2.431 |

**表 1.4　固城湖堤防第Ⅲ工程地质单元土体渗透系数($10^{-6}$ cm/s)统计表**

| 地层 | 方向 | 试样个数 | 均值 | 标准差 | 变异系数 |
|---|---|---|---|---|---|
| 重粉质壤土 | 水平 | 11 | 20.118 | 27.864 | 1.385 |
| | 竖直 | 8 | 56.980 | 143.472 | 2.518 |
| 中、重粉质壤土 | 水平 | 9 | 2.114 | 3.142 | 1.486 |
| | 竖直 | 5 | 2.376 | 2.126 | 0.895 |

表 1.5 为岳阳长江干堤[177]和武昌市区堤[178]土层渗透系数统计表，尽管没有列出各土层渗透系数均值、标准差和变异系数，但多数土体渗透系数上下限相差一个到两个数量级，在岳阳长江干堤 alQ4 粉质黏土中，渗透系数上下限之比为 194，这从一定程度上说明了土体渗透系数存在着较大的变异性。同时岳阳长江部分堤防土层渗透系数也说明了相似的规律（此处未给出其他堤防渗透系数统计表）。

**表 1.5　长江部分堤防土层渗透系数(cm/s)统计表**

| 岳阳长江干堤 | | | 武昌市区堤 | | |
|---|---|---|---|---|---|
| 土层 | 上限 | 下限 | 土层 | 上限 | 下限 |
| rQ 粉质黏土 | 2.60E-04 | 5.70E-06 | rQ 粉质黏土 | 1.20E-06 | 5.60E-07 |
| rQ 砂壤土 | 2.70E-03 | 4.10E-04 | alQ4 粉质黏土 | 1.00E-07 | 2.08E-08 |
| alQ4 粉质黏土 | 3.50E-04 | 1.80E-06 | alQ4 粉质壤土 | 1.05E-04 | 2.72E-06 |
| alQ4 粉质壤土 | 2.30E-04 | 6.90E-05 | alQ4 壤土 | 1.02E-04 | 2.58E-05 |
| alQ4 砂壤土 | 2.20E-03 | 6.10E-04 | alQ4 粉细砂 | 2.10E-03 | 7.56E-04 |
| alQ4 粉细砂 | 3.40E-03 | 9.00E-04 | | | |

在石油、天然气开采等行业，通常以渗透率变异系数来定义地层的非均质程度[179, 180]，但在计算渗透率变异系数时，考虑了层间渗透率的变化，这与岩土工程学科对变异系数的定义有所不同，因此不能直接采用其他行业的定

义方法。由于采用泰勒展开法、摄动法等方法进行随机分析时，变异系数通常要求小于0.3，同时土体重度、抗剪强度指标等参数变异系数也较小，因此在本书中，当土体渗透系数的变异系数大于0.3时，称为土体具有较大的空间变异性。

### 1.3.2 需要解决的问题

表1.2—表1.5充分显示了在我国部分堤防中，土体渗透系数存在着较大的变异性，在研究堤防相关问题时，必须考虑强变异性的影响，由前面内容可知，常用的随机渗流分析方法多要求变异系数小于0.3，因此，当参数的空间变异性较大时，一些随机方法的适用性就受到了限制，需要选用其他的随机方法。

国际上常见的随机场生成方法有：(1) Moving Average (MA) method，(2) Discrete Fourier Transform (DFT) method，(3) Covariance Matrix Decomposition，(4) Fast Fourier Transform (FFT) method，(5) Turning Bands Method (TBM)，(6) Local Average Subdivision (LAS) method 等6种。方法(1)—(3)的计算效率普遍较低。方法(4)虽然计算效率较高，但随机场的协方差存在着对称性，在某些情况误差较大。方法(5)通过一系列设定的线条对随机场进行离散，在线条较多时，精度是以上方法中最高的，但此时计算量大，生成随机场用时较长；而线条较少时，通过积分方法求得的协方差精度降低较快。方法(6)具有计算精度高，收敛快的特点，且其协方差计算精度稳定，在各种情况下误差较小，当变异系数增大时，仍能满足相应的计算精度[78, 86]。因此，LAS技术特别适合用来分析随机变量具有较大空间变异性的问题。LAS技术自提出以来，在岩土工程学科相关理论和工程中的应用较多。在文献分析中发现，分析的问题多为二维平面问题，且计算模型构造简单，都由一种材料组成。然而实际工程多为三维问题，材料属性在水平面上的变异性也是不可忽视的，且由于岩土工程学科的特点，实际问题复杂多变。因此现有的基于LAS技术的随机分析方法仍然存在以下问题：(1)极少考虑工程问题的三维空间结构；(2)忽略了实际工程的复杂性和所含材料的多样性。

针对堤防或者重力坝等水利工程的二维自由面渗流问题，已有理论推导往往仅针对堤身或者坝身，且仅有一种材料组成，基底处视为不透水边界条件，此时，在基底处，水渗流的方向与水平面方向平行，由上游向下游流动，这时所得渗流场与实际相比存在一定的差别，因此，在具体问题的分析中，应考虑实际的土层分布，以获得更切合实际的解答。通过查阅大量堤防的实际资料可知，在实际工程中，堤身和堤基往往由多种材料组成，在固城湖、石臼湖和淮河堤防典型断面处，堤身包含 2—3 种土体材料，堤基也由多种不同土层组成，整个堤防是由多层土体组成的三维挡水结构。针对堤防的特点，在进行随机渗流场分析时，随机场模型需要具有以下特点：

(1) 考虑堤防土体参数的强变异性，随机场模型必须满足随机变量变异系数较大时的计算要求，且随机场模型的离散精度需要控制在一定的范围内。

(2) 考虑堤防的空间结构和组成特点，需建立包含多种材料的三维多介质随机场模型。

(3) 相关尺度是随机场法与随机变量法的一种重要区别，采用随机场法进行分析时，需考虑相关尺度对渗流场响应量的影响。

(4) 堤防渗透失稳多发生在汛期水位迅速变动时，因此，在分析中不但要考虑特点(1)—(3)的影响，还要充分考虑汛期动态水位的影响。

基于 LAS 随机场离散技术，将渗透系数随机场由二维单一介质扩展到三维多介质，同时考虑相关尺度的影响，结合蒙特卡罗随机有限元法，持续推动堤防随机渗透特性时空演化与风险预测研究向前发展。

## 1.4 本书主要研究内容和技术路线

### 1.4.1 本书主要研究内容

岩土工程中所研究的土、岩石等材料，其参数的空间变异性在自然界中广泛存在，对于相关随机问题，随机有限元法是一种行之有效的解决方法。然而常用的随机方法中存在着空间变异性较小、模型材料种类单一、随机场几何形状简单等问题，这使得随机有限元法在岩土工程中的应用受到了一定的限制。

本书针对堤防土体存在的强变异性问题，将 LAS 技术扩展到三维多介质随机场，发展了一种求解堤防三维稳定/非稳定随机渗流场的方法。改进了 JC 法求解过程，提出了堤防汛期渗透失稳风险预测方法。最后结合工程实际，将三维多介质随机场模型与大型商业软件 ABAQUS 相结合，发展了一种堤防三维随机渗流场联合求解方法。

（1）介绍本书的研究背景及意义，并对我国堤防的特点及存在的问题进行了分析；对随机有限元的发展、LAS随机场技术的发展及应用、随机渗流的研究及发展、堤防渗透失稳风险预测的研究现状进行了介绍；最后，针对堤防的特点，为适应工程需要，将LAS技术扩展到了三维多介质随机场模型当中。

（2）基于LAS技术的原理及其实现过程，推导了一维和三维LAS方法的计算公式，对关键步骤进行了详细的说明。对三维多介质随机场，给出了有限元网格序列计算公式，使随机场网格与工程模型一一对应，达到了映射随机场的目的。基于三维多介质随机场模型，实现了三维随机场数字化表示方法，探明了变异系数和相关尺度与渗透系数随机场的关系，极大地促进了相关人员对随机场相关概念的理解。

（3）将三维多介质随机场和简化的堤防三维模型相结合，把土体渗透系数视为空间随机变量，其变异系数取值范围为0～3，生成堤防三维多介质随机场。基于变分法原理和自由面渗流初流量法，推导了堤防三维稳定渗流有限元列式，采用蒙特卡罗法计算了堤防三维稳定随机渗流场。本书重点分析了变异系数由小到大变化时，考虑不同的相关尺度，随机渗流场溢出点高程、节点总水头及其标准差、水力梯度及其标准差的变化规律。通过研究发现，变异系数增大时，渗流场响应量有了显著的变化，相关尺度对响应量也有明显的影响。

（4）基于变分原理推导了三维非稳定渗流有限元列式，将对自由面单元的曲面积分变换为对单元局部坐标系中投影平面的积分，渗流场对时间的偏导采用差分法计算，计算结果作为下一时间点求解的已知条件。采用第三章的堤防三维计算模型，分析了变异系数由小到大变化时，在不同时间节点（9个），随机渗流场溢出点高程、节点总水头及其标准差、观测点水力梯度及其标准差的变化规律。结果表明，变异系数和渗流持续时间对结果的影响均较大。

（5）将三维多介质随机场与大型商业软件ABAQUS相结合，发展了一种用于求解堤防三维随机渗流场的联合法。该方法不但可以计算三维随机渗流问题，也可快速地应用到岩土工程其他问题当中。随机场和有限元计算指令通过input文件的模块化操作完成，其中，input文件基于ABAQUS内部指令生成，三维多介质随机场由第二章生成，ABAQUS主要进行有限元迭代计算。本书作者拥有丰富的工程经验，参与了多个堤防、心墙坝、抽水蓄能水电站等工程，根据工程需求逐步实现了以上内容，研究成果已经在十多个大中型水利工程中进行了应用，取得了良好的效果。

(6) 介绍了一次二阶矩法和JC法基本原理，推导了JC法的计算公式并解释了可靠度指标的几何意义。针对JC法存在的不收敛或收敛缓慢问题，从可靠度指标的几何意义出发，基于拉格朗日算子改进了JC法求解过程。探索了堤防分区破坏力学机理，推导了相应功能函数，考虑土体强度参数的不确定性，在汛期水位动态变化影响下，揭示了堤防分区破坏和变异系数及时间的内在联系，预测了失稳风险。

### 1.4.2 技术路线

本书技术路线如图1.1所示：

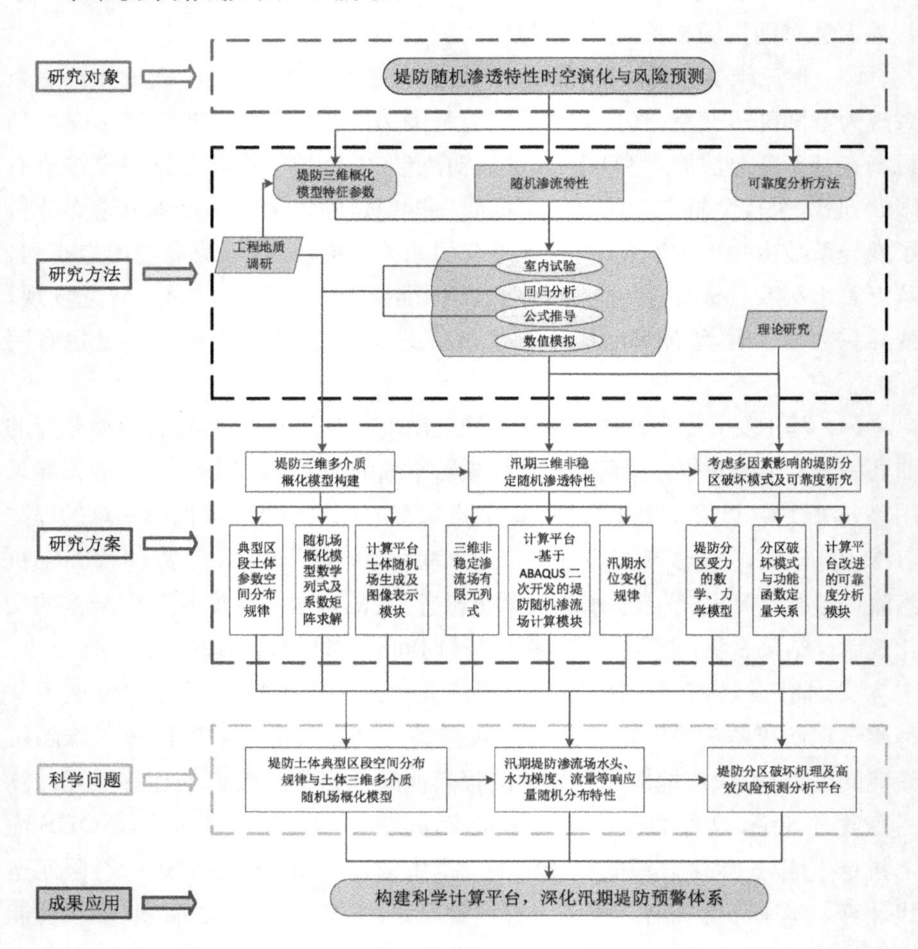


**图1.1 本书技术路线图**

# 第二章

# 基于 LAS 技术的三维多介质随机场模型及其数字表示

## 2.1 引言

随着技术的进步，传统的确定性分析方法越来越不适应工程项目的需求，不确定的分析方法与实际工程的结合更加紧密，同时复杂多变的具体问题也对随机方法提出了更高的要求。随机有限元法是一种有效的分析随机问题的方法，依据不同理论，又可分为泰勒展开法、纽曼展开法、摄动法、蒙特卡罗法、谱分析法等多种方法。不同方法各有优缺点，适用范围也有所区别，其中 Fenton 1990 年[73, 74]提出的 Local Average Subdivision 随机场生成方法具有收敛速度快、计算精度高等优点，且在计算过程中不存在截断误差，对随机变量的取值范围没有限制，同时该方法离散随机场精度随变异系数的变化没有明显降低，特别适合用来分析具有强变异性的工程问题。

本章针对已有堤防工程中广泛存在的填筑材料强变异性问题，发展了一种基于 LAS 技术的三维多介质随机场模型：基于 LAS 技术，将二维单一介质随机场理论扩展到三维多介质随机场中，重新计算了多介质复杂实体模型的单元序列(可扩展用于具有任意复杂几何形状的三维实体模型)，使之与三维随机场单元一一对应。本章还提出了渗透系数随机场单元灰度值的计算方法，通过 MATLAB 画图，发展了一种三维多介质随机场模型的灰度图表示方法，采用可视化的方法分析了变异系数和相关尺度对随机场的影响，同时验证了三维随机场计算程序的正确性。

## 2.2 常见的随机有限元方法

随机有限元法是随机分析理论与确定性有限元方法相结合的产物，是在传统的有限元方法的基础上发展起来的随机的数值分析方法。在具体的问题分析中,考虑了参数的随机性,使分析结果更加可靠。根据有限元求解过程和控制方程建立方法的区别,随机有限元法可分为 Monte Carlo 随机有限元法、Taylor 展开随机有限元法(TSFEM)、摄动展开随机有限元法(PSFEM)、Neumann 展开随机有限元法(NSFEM)等。

### 2.2.1 Monte Carlo 随机有限元法

Monte Carlo 随机有限元法又称为统计实验法或随机抽样法,它是以概率论和数理统计为基础的随机抽样方法。用蒙特卡罗法求解实际问题时,需要通过实验手段或大量的观测对问题中的随机因素进行系统的分析,利用统计学手段,得出随机因素的概率分布函数,并将该分布函数与所求解问题联系起来,随后依据概率分布函数对随机因素进行大量抽样,对单次抽样结果进行有限元分析,并将待求变量的统计特征量近似作为随机问题的解答,以上即为 Monte Carlo 随机有限元法求解工程随机问题的过程。

设 $x_1$, $x_2$, …, $x_n$ 是来自同一样本空间的 $n$ 个相互独立的随机变量,具有相同的概率分布形式,其均值和方差分别相等,均值为 $\mu$, 方差为 $\sigma^2$, 根据大数定理,对于任意给定小的数 $\varepsilon > 0$, 则有:

$$\lim_{n\to\infty} P\left(\left|\frac{1}{n}\sum_{i=1}^{n} X_i - u\right| \geqslant \varepsilon\right) = 0 \tag{2.1}$$

假设事件 $A$ 发生的概率为 $P(A)$,在 $m$ 次相互独立的随机抽样中,事件 $A$ 发生的次数为 $m$, 则其频率为 $\omega(A) = m/n$, 则对于任意给定小的数 $\varepsilon > 0$ 有:

$$\lim_{n\to\infty} P\left(\left|\frac{m}{n} - P(A)\right| < \varepsilon\right) = 1 \tag{2.2}$$

由于蒙特卡罗法是从同一样本空间随机抽取子样本来进行计算,显然抽取的一系列子样本是相互独立的随机样本,其具有相同的概率分布函数,方差和标准差也相同。由公式(2.1)和(2.2)可以看出,当抽样数 $n$ 趋近于无穷大时,$\frac{1}{n}\sum_{i=1}^{n} X_i$ 依概率收敛于 $u$,$m/n$ 依概率收敛于 $P(A)$。从数学上来讲,只要 $n$ 的次数足够多,总能得出以上结果,这也是蒙特卡罗法被广泛应用和认可的根本原因。因此，只有当抽样数 $n$ 足够大时，蒙特卡罗法才能取得精确的结果。在对实际事件进行分析时，按照以上步骤在事件影响因素样本空间中随机抽样，进而得到事件发生的频数 $m$，依次计算事件发生频率的数学解答。在采用蒙特卡罗法进行工程分析时，选定影响最大的随机因素，对其进行试验或理论分析，得出该随机因素的概率分布函数，在此基础上对该因素进行大量的相互独立的随机抽样，结合有限元法进行分析，进而得出待求事件发生的频率作为实际问题的统计学解答。

Monte Carlo 随机有限元法解决工程实际问题的具体步骤为：

① 根据工程实际问题的性质，分析对问题影响最大的随机因素。采用实验手段或数理统计学手段分析得出随机因素的概率分布函数，该函数应为较为常见的分布函数且有概率学解答；

② 确定随机抽样的次数 $N$，并给定初始值 $n=1$；

③ 确定产生随机数的方法，根据随机因素的概率分布函数得出随机变量的抽样方法，并得到符合概率分布的随机变量；

④ 将得到的随机变量代入有限元分析中进行确定性分析；

⑤ 进行下一次分析，令 $n=n+1$，直到 $N$；

⑥ 对每次确定性分析的结果进行统计分析，进而得出具体问题的统计学解答。

### 2.2.2 Taylor 展开随机有限元法

Taylor 展开随机有限元法利用 Taylor 级数展开式的基本形式，把随机变量均值作为原点，将待求变量在原点处进行一阶或二阶 Taylor 级数展开，经过有限元控制方程求解，即可得到待求变量的均值、方差、标准差等统计解答。

弹性力学问题的有限元控制方程的矩阵表达式为：

$$\boldsymbol{K}\boldsymbol{U}=\boldsymbol{F} \tag{2.3}$$

其中，$\boldsymbol{K}$ 为整体刚度矩阵，$\boldsymbol{U}$ 为位移矩阵，$\boldsymbol{F}$ 为等效节点荷载矩阵。

假设位移 $U$ 在随机变量 $\boldsymbol{X}=(X_1, X_2, \cdots, X_n)^{\mathrm{T}}$ 的均值 $\overline{\boldsymbol{X}}=(\overline{X}_1, \overline{X}_2, \cdots, \overline{X}_n)^{\mathrm{T}}$ 点处进行 Taylor 级数一阶展开，通过公式变换可得到 $U$ 的统计值。若 $U$ 的一阶 Taylor 级数展开式为：

$$U=\overline{U}+\sum_{i=1}^{n}\left.\frac{\partial U}{\partial X_i}\right|_{X=\overline{X}}(X_i-\overline{X}_i) \tag{2.4}$$

对式(2.4)两边同时取数学期望,则节点位移$U$的期望为:

$$E[U]=U(\overline{\boldsymbol{X}})=\overline{\boldsymbol{K}}^{-1}\overline{\boldsymbol{F}} \tag{2.5}$$

节点位移$U$的方差为:

$$\mathrm{Var}(U)=\sum_{i=1}^{n}\sum_{j=1}^{n}\left.\frac{\partial U}{\partial X_i}\right|_{\boldsymbol{X}=\overline{\boldsymbol{X}}}\cdot\left.\frac{\partial U}{\partial X_j}\right|_{\boldsymbol{X}=\overline{\boldsymbol{X}}}\mathrm{Cov}(X_i,\ X_j) \tag{2.6}$$

$\mathrm{Cov}(X_i,\ X_j)$表示随机变量$X_i$和$X_j$之间的协方差。

其中:

$$\frac{\partial U}{\partial X_i}=K^{-1}\left(\frac{\partial F}{\partial X_i}-\frac{\partial K}{\partial X_j}U\right) \tag{2.7}$$

由公式(2.4)可以看出,Taylor展开随机有限元法是对有限元控制方程在原点处进行偏微分运算,通过求解得出待求问题对选定随机变量的各阶偏微分,因此有些学者也称泰勒展开法为梯度分析法。

当选定随机因素的变异系数较大时,一阶Taylor展开法的计算精度难以满足要求,需要采用二阶甚至高阶展开的方法进行求解。当采用二阶展开时,其有限元控制方程如下所示:

$$\frac{\partial^2 U}{\partial X_i\partial X_j}=K^{-1}\left(\frac{\partial^2 F}{\partial X_i\partial X_j}-\frac{\partial K}{\partial X_i}\frac{\partial U}{\partial X_j}-\frac{\partial U}{\partial X_i}\frac{\partial K}{\partial X_j}-\frac{\partial^2 K}{\partial X_i\partial X_j}U\right) \tag{2.8}$$

显然,在采用二阶Taylor展开时,刚度矩阵需要进行多次计算,其计算效率严重降低,对比一阶Taylor展开,刚度矩阵和求逆矩阵仅需计算一次,其计算过程和用时大大增加。因此针对具体问题,当随机因素的变异系数较大时,需要采用二阶泰勒展开法进行计算,由上式可知,对随机变量的离散次数急剧增加,计算工作量也相应变大,同时随着变异系数的进一步增大,当采用三阶及以上展开时,需要同时进行离散的个数变成几十项,工作更加繁复,因此对于大变异系数问题不宜采用Taylor展开随机有限元法进行计算。

### 2.2.3 摄动展开随机有限元法

Handa[18]和Hisada[19]于1981年最先提出了摄动有限元法。该法将随机变量表示为随机变量均值和微小摄动之和，且微小摄动要比均值小得多，将微小摄动在均值处采用 Taylor 级数展开，经过离散，有限元的控制方程转变为一组线性递推方程组，通过求解，即可得到待求变量对随机变量的响应值。由于都需要采用 Taylor 级数展开，摄动法具有与 Taylor 展开法一样的优缺点。

设 $\beta_i$ 为随机变量 $X_i$ 在均值处 $\overline{X_i}$ 的微小摄动，有 $\beta_i = X_i - \overline{X_i}$，则

$$K \approx K_0 + \sum_{i=1}^{n} \beta_i \frac{\partial K}{\partial \beta_i} + \frac{1}{2} \sum_{i,\, j=1}^{n} \beta_i \beta_j \frac{\partial^2 K}{\partial \beta_i \beta_j} \tag{2.9}$$

同理可以推导出 $U$、$F$，对位移 $U$ 进行二阶摄动展开可得：$U_0 = K_0^{-1} F_0$。

$$\frac{\partial U}{\partial \beta_i} = K_0^{-1} \left( \frac{\partial F}{\partial \beta_i} - \frac{\partial K}{\partial \beta_j} U_0 \right) \tag{2.10}$$

$$\frac{\partial^2 U}{\partial \beta_i \partial \beta_j} = K_0^{-1} \left( \frac{\partial^2 F}{\partial \beta_i \partial \beta_j} - \frac{\partial K}{\partial \beta_i} \frac{\partial U}{\partial \beta_j} - \frac{\partial U}{\partial \beta_i} \frac{\partial K}{\partial \beta_j} - \frac{\partial^2 K}{\partial \beta_i \partial \beta_j} U_0 \right) \tag{2.11}$$

其中，$K_0$，$U_0$，$F_0$ 为 $K$，$U$，$F$ 在 $X_i$ 均值处 $\overline{X_i}$ 的值，对位移进行统计计算可得：

$$E[U] = \overline{U} + \frac{1}{2} \sum_{i=1}^{n} \sum_{j=1}^{n} U_{ij} \operatorname{Cov}(\beta_i \beta_j) \tag{2.12}$$

$$\begin{aligned} \operatorname{Cov}[U] \approx & \sum_{i=1}^{n} \sum_{j=1}^{n} U'_i U'_j \operatorname{Cov}(\beta_i \beta_j) + \sum_{i=1}^{n} \sum_{j=1}^{n} \sum_{k=1}^{n} U'_i U''_{jk} E(\beta_i \beta_j \beta_k) \\ & + \sum_{i=1}^{n} \sum_{j=1}^{n} \sum_{k=1}^{n} \sum_{l=1}^{n} U''_{ij} U''_{kl} [E(\beta_i \beta_j) E(\beta_k \beta_l) + E(\beta_i \beta_k) E(\beta_j \beta_l)] \end{aligned} \tag{2.13}$$

与一阶 Taylor 展开法类似，一阶摄动展开法的刚度矩阵及其求逆计算只需计算一次，此时摄动法计算效率较高，但微小摄动的取值有一定的限制范围，一般不超过 $0.2\,\overline{X_i}$，故其对随机因素的变异系数仍存在一定的要求。但从上式可以看出，当二阶摄动展开时，计算量急剧增大，但由于多阶项的存在，使摄动的范围有所增大。与 Taylor 展开法类似，摄动法在变异系数取较大值情况时，应用受到了限制。

## 2.3 随机场基本理论

自然界的物质在形成过程中往往同时存在结构性和随机性，结构性决定了物质的材料属性不会毫无规律的随机，随机性又决定了物质的结构性不会一成不变。随机有限元方法依据场的定义可分为随机变量法和随机场法，随机场法同时考虑了物质的结构性和随机性，是一种比较合理科学的随机分析方法。

1983 年 Vanmarcke[21] 提出了著名的随机场理论，本质是用正态分布或对数正态分布等统计学上的平稳随机场来模拟实际问题中参数的空间分布。在随机场理论中，参数的空间结构被视为空间随机场，随机场中各点的取值被定义为该点的坐标函数。一般可以用均值函数、方差函数、相关函数、相关尺度等数字特征值来描述参数的空间变异性。在堤防工程中，需要将土体材料的点变异性转变为局部平均的空间变异性。设某一随机场为 $z(y)$，其数学期望为一阶中心矩，方差函数为二阶中心距，相关函数为混合二阶中心距，数学期望反映随机场的平均水平，其方差反映了参数的变异性，相关函数反映了随机场内两点之间的相关性。

### 2.3.1 均值函数

随机场内某一点的取值除与本身的性质有关外，还与该点的坐标有关，因此随机场往往可以表示为其自身特性和坐标的函数，随机场 $z(y)$ 可表示为 $z(x, y)$，设随机场 $z(x, y)$ 的一维分布函数概率密度函数为 $f(x, y)$，其分布函数可表示为 $F(x, y)$，此时随机场 $z(x, y)$ 的均值函数 $u_z(x, y)$ 可表示为：

$$u_z(x, y) = E\{z(x, y)\} = \int x \mathrm{d}F(x, y) = \int x f(x, y) \mathrm{d}x \tag{2.14}$$

均值函数是随机场的一个基本特征量，它是反映随机场中数据集中趋势的一项指标。

### 2.3.2 方差函数

由随机场均值函数定义和方差的概念出发，随机场 $z(x, y)$ 的方差函数

$D_z(x, y)$ 可表示为：

$$\begin{aligned} D_z(x, y) &= E\{[z(x, y) - E(z(x, y))]^2\} \\ &= \int [x - E(z(x, y))]^2 f(x, y)\mathrm{d}x \end{aligned} \tag{2.15}$$

方差函数为随机场函数的二阶中心距，反映了随机场变量 $z(x, y)$ 在点 $x$ 处偏离随机场均值的程度。

### 2.3.3　相关函数和协方差函数

相关函数是对随机场内随机变量在距离为 $\tau$ 的两点上取值的相似性描述，其相关性大小可由相关函数值衡量，一维随机场 $z(y)$ 的相关函数可以表示为：

$$\rho(\tau) = \frac{B(\tau)}{B(0)} \tag{2.16}$$

其中，$\tau$ 为随机场内两点之间的间距，$B(\tau)$ 为随机场 $z(y)$ 的协方差函数，它反映了随机场内间距为 $\tau$ 的两点的总体误差，其形式为：

$$\begin{aligned} B(\tau) &= \mathrm{Cov}[z(y+\tau), z(y)] \\ &= E[z(y+\tau)z(y)] - E[z(y+\tau)]E[z(y)] \end{aligned} \tag{2.17}$$

当 $\tau = 0$ 时，

$$\mathrm{Var}(z(y)) = B(0) = \sigma^2 \tag{2.18}$$

在进行随机场研究时，随机场的结构性通常用相关函数来表示，表2.1 列出了常用的集中相关函数。

**表 2.1　常用的相关函数**

| 相关函数类型 | 表达式 |
| --- | --- |
| 指数型 | $\rho(\tau) = \exp(-2\mid\tau\mid/\theta)$ |
| 高斯型 | $\rho(\tau) = \exp(-\pi\tau^2/\theta^2)$ |
| 三角型 | $\rho(\tau) = \begin{cases} 1 - \mid\tau\mid/\theta, & \mid\tau\mid \leqslant \theta \\ 0, & \mid\tau\mid > \theta \end{cases}$ |

（续表）

| 相关函数类型 | 表达式 |
|---|---|
| 协调阶跃型 | $\rho(\tau)=\begin{cases}1, & \lvert\tau\rvert\leqslant\theta/2\\0, & \lvert\tau\rvert>\theta/2\end{cases}$ |
| 二阶 AR 型 | $\rho(\tau)=(1+4\lvert\tau\rvert/\theta)\exp(-4\lvert\tau\rvert/\theta)$ |

## 2.3.4 相关尺度和积分尺度

Dagan 在 1989 年[104]对多孔介质的渗流特性进行研究时认为，土体渗透系数的不确定性导致了土体渗流场存在一定的空间变异性，并基于渗透系数的空间分布特性提出了积分尺度（Integral scale）的概念，此处用 $\delta$ 表示。

依据 Vanmarcke 随机场理论，随机场内各点之间取值存在着一定的相关性，该相关性可用两点之间距离 $\tau$、随机场相关尺度 $\theta$（scale of Fluctuation）来表示，其中相关尺度 $\theta$ 可看成随机场内任意两点不相关的最小距离，根据假定，当 $\lvert\tau\rvert\leqslant\theta$，表示两点之间完全相关，其相关系数取值较大，反之，则完全不相关。同时，Vanmarcke 认为，随机场内随机变量在某点取值的影响范围可由相关尺度 $\theta$ 来衡量，相关尺度 $\theta$ 和积分尺度 $\delta$ 之间存在如下关系：

$$\theta=2\delta=\int_{-\infty}^{\infty}\rho(\tau)\mathrm{d}\tau \tag{2.19}$$

## 2.3.5 局部平均法

根据有限元理论，在进行有限元分析时需要有一整套的有限元网格，用于构成模型，储存单元网格的属性；作为有限元计算的最小单位，在单元内，材料需要有相同的材料属性。局部平均法就是将随机场每个单元内不同点的属性在整个单元区域内进行局部平均，用来作为随机场内每个单元属性的方法。Vanmarcke 采用局部平均法对一维随机场进行局部平均离散，并得到了良好的结果。朱位秋等 1988 年[181]、刘宁 1995 年[182]根据局部平均理论分别对二维、三维随机场进行了局部平均。

设一三维平稳随机场 $X(x, y, z)$ 的均值为 $m$，标准差为 $\sigma$，则场内某

一单元 $i$ 内的局部平均可表示为：

$$X_i = \frac{1}{V_i}\iiint_{V_i} X(x, y, z)\,\mathrm{d}x\,\mathrm{d}y\,\mathrm{d}z \tag{2.20}$$

式中：$V_i$ 为单元 $i$ 的体积。

若随机场单元采用三维等参元，则单元 $i$ 的局部平均可用高斯积分表达为：

$$\begin{aligned} X_i &= \frac{1}{V_i}\sum_{k=1}^{ng} X^i(\xi_k, \eta_k, \zeta_k)\,|\boldsymbol{J}|_k \alpha_k \\ V_i &= \sum_{k=1}^{ng} |\boldsymbol{J}|_k \alpha_k \end{aligned} \tag{2.21}$$

式中：$X^i(\xi_k, \eta_k, \zeta_k)$ 为随机场 $X(x, y, z)$ 在第 $i$ 单元第 $k$ 个高斯点处的值；$(\xi_k, \eta_k, \zeta_k)$ 为第 $k$ 个高斯点的局部坐标；$\alpha_k$ 为高斯加权系数；$|\boldsymbol{J}|_k$ 为 Jacobi 矩阵行列式；$ng$ 为单元内高斯积分点数目。

进而可以得到单元局部平局随机变量的均值和协方差为：

$$E(X_i) = m \tag{2.22}$$

$$\begin{aligned} \mathrm{Cov}(X_i, X_j) &= E[(X_i - E(X_i))(X_j - E(X_j))] \\ &= \sum_{k=1}^{mg}\sum_{l=1}^{mg} \omega_{ik}\omega_{jl}\,\mathrm{Cov}(X_k^i, X_l^j) \end{aligned} \tag{2.23}$$

式中：$mg$ 为等参元内各局部坐标轴方向高斯积分点数目；$\omega_{ik} = |\boldsymbol{J}|_k \alpha_k / V_i$，$\omega_{jl} = |\boldsymbol{J}|_l \alpha_l / V_j$；$Cov(X_k^i, X_l^j) = \sigma^2 \rho(\Delta x_{ik,jl}, \Delta y_{ik,jl}, \Delta z_{ik,jl})$ 为第 $i$ 单元第 $k$ 个高斯点和第 $j$ 单元第 $l$ 个高斯点间的互协方差；$\rho(\Delta x_{ik,jl}, \Delta y_{ik,jl}, \Delta z_{ik,jl})$ 为相应的相关函数值，$\Delta x_{ik,jl}$，$\Delta y_{ik,jl}$，$\Delta z_{ik,jl}$ 分别为两点在 $x$，$y$，$z$ 方向的距离。

对于二维和一维随机场的离散，可以利用同样的方法，对相关函数进行降维处理得到。随机场的离散个数可以和有限元网格统一起来，但针对大型模型，往往单元个数较多，如果按照单元数进行离散，工作量将会变得很大，通过对随机场单元疏密的研究，根据随机场相关函数的取值来确定网格的疏密。值得注意的是，跟传统有限元法相比，局部平均法单元个数越多，得到的结果越精确。

## 2.4 Local Average Subdivision 随机场离散方法

### 2.4.1 公式推导

LAS方法对随机场进行局部平均的过程本质上来说是一种从上而下的递推过程，如图 2.1 所示：在 Stage 0 阶段，生成一个整体平均值 $Z_1^0$，在 Stage 1阶段，整个区域将被分割成两个区域 $Z_1^1$ 和 $Z_2^1$，其平均值需要与整体均值相等。以此类推，在以后的步骤中，对前一步生成的区域进行分割，生成两个新的区域，并对新分割生成的区域赋值，需要确保的是，每对新生成局部平均值均需要与前一步的局部平均值相等，这也是其他任何区域进行分割需要遵从的原则。LAS算法的过程如下：

(1) 根据局部平均理论，对服从正态分布(均值为 0，方差为 $\sigma^2$) 的变量，生成其在整体上的均值 $Z_1^0$。

(2) 切割区域，使其分成两份。

(3) 生成两个服从正态分布的变量，$Z_1^1$ 和 $Z_2^1$，其均值和方差为已知并满足以下 3 个条件：①根据局部平均理论，方差取值要正确；②两个变量之间有正确的相关性；③ $Z_1^1$ 和 $Z_2^1$ 的取值受到 $Z_1^0$ 的制约，且满足 $1/2(Z_1^1+Z_2^1)=Z_1^0$。

(4) 将所有的单元分割为两个相等的单元。

(5) 生成两个服从正态分布的变量，$Z_1^2$ 和 $Z_2^2$，其均值和方差为已知，不但要满足第(3)步的条件，还要与 $Z_3^2$ 和 $Z_4^2$ 有适当的相关性。

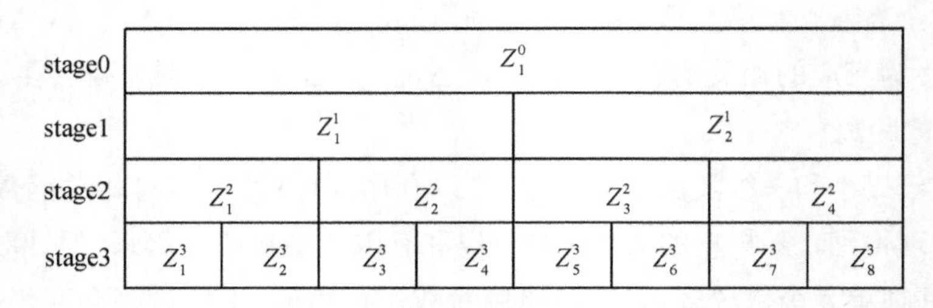


**图 2.1 一维 LAS 随机场离散过程示意图**

为确定 Stage 0 的变量 $Z_1^0$ 的均值和方差，设服从正态分布的函数

$Z(t)$ 在区间 $0\leqslant\xi\leqslant D$ 上连续分布，该区间以外部分忽略。函数在区间 $0\leqslant\xi\leqslant D$ 上的局部平均为：

$$Z_1^0=\frac{1}{D}\int_0^D Z(\xi)\mathrm{d}\xi \tag{2.24}$$

其中 $Z_1^0$ 为随机变量，其均值和方差为：

$$E[Z_1^0]=E[Z] \tag{2.25}$$

$$E[(Z_1^0)^2]=\left(\frac{1}{D^2}\right)\int_0^D\int_0^D E[Z(\xi)Z(\xi')]\mathrm{d}\xi\mathrm{d}\xi'$$

$$=E[Z]^2+\left(\frac{2}{D^2}\right)\int_0^D(D-\tau)B(\tau)\mathrm{d}\tau \tag{2.26}$$

其中 $B(\tau)$ 为 $Z(t)$ 的协方差函数，通常的 $B(\tau)$ 是一个偶函数，设 $E[Z]=0$，如果 $Z(t)$ 为高斯随机函数，根据公式(2.24)～(2.26)，可以得到 $Z_1^0$ 的值，并完成 Stage 0。如果 $Z(t)$ 不是高斯随机函数，则完整的 $Z_1^0$ 概率分布函数必须首先被确定，然后根据分布函数求解 Stage 0。通常意义上，均默认 $Z(t)$ 为标准高斯向量。

假设已经生成第 $i$ 步的随机场，第 $i+1$ 步随机场由如下方法生成。定义区间 $D^i$：

$$D^i=\frac{D}{2^i}\quad i=0,\ 1,\ 2\cdots,\ n \tag{2.27}$$

设 $Z_k^i$ 是 $Z(t)$ 在区间 $(k-1)D^i<t<kD^i$ 上的局部平均，则有：

$$Z_k^i=\frac{1}{D^i}\int_{(k-1)D^i}^{kD^i}Z(\xi)\mathrm{d}\xi \tag{2.28}$$

其中，$E[Z_k^i]=E[Z]=0$，由中心间距容差为 $mD^i$ 所隔离的局部平均区域确定的协方差为：

$$E[Z_k^iZ_{k+m}^i]=E\left[\left(\frac{1}{D^i}\right)^2\int_{(k-1)D^i}^{kD^i}\int_{(k+m-1)D^i}^{(k+m)D^i}Z(\xi)Z(\xi')\mathrm{d}\xi\mathrm{d}\xi'\right]$$

$$=\left(\frac{1}{D^i}\right)^2\int_0^{D^i}\int_{mD^i}^{(m+1)D^i}B(\xi-\xi')\mathrm{d}\xi\mathrm{d}\xi'$$

$$
=\left(\frac{1}{D^i}\right)^2\int_{(m-1)D^i}^{mD^i}[\xi-(m-1)D^i]B(\xi)\mathrm{d}\xi
$$
$$
+\left(\frac{1}{D^i}\right)^2\int_{mD^i}^{(m+1)D^i}[(m+1)D^i-\xi]B(\xi)\mathrm{d}\xi \tag{2.29}
$$

Vanmarcke 引入了一种更加简单的公式用来定义方差函数的概念，其形式为：

$$
\gamma(D^i)=\left(\frac{1}{\sigma D^i}\right)^2\int_0^{D^i}\int_0^{D^i}B(\xi-\xi')\mathrm{d}\xi\mathrm{d}\xi'
$$
$$
=2\left(\frac{1}{\sigma D^i}\right)^2\int_0^{D^i}(|D^i|-|\tau|)B(\tau)\mathrm{d}\tau \tag{2.30}
$$

其中，$B(0)=\sigma^2$，Vanmarcke 认为在大量的随机过程中都可以应用该公式，依据公式(2.30)，公式(2.29)可表示为如下形式：

$$
E[Z_k^iZ_{k+m}^i]=\frac{\sigma^2}{2}[(m-1)^2\gamma((m-1)D^i)-2m^2\gamma(mD^i)
$$
$$
+(m+1)^2\gamma((m-1)D^i)] \tag{2.31}
$$

由图 2.1 可知，第 $i+1$ 步随机场的结构可从第 $i$ 步进行求解计算，求解第 $i+1$ 步随机场的关键是求解第 $i+1$ 步首个单元的局部平均值 $Z_{2j}^{i+1}$，这里将 $Z_{2j}^{i+1}$ 表示成如下形式：

$$
Z_{2j}^{i+1}=M_{2j}^{i+1}+c^{i+1}U_j^{i+1} \tag{2.32}
$$

其中 $c^{i+1}U_j^{i+1}$ 服从均值为 0，方差为 $(c^{i+1})^2$ 的高斯分布。在 $i$ 步，当 $k=j-n,\cdots,j+n$ 时，联立下式所示的 $n+1$ 元线性方程组求解可得：

$$
M_{2j}^{i+1}=\sum_{k=j-n}^{j+n}a_{k-j}^iZ_k^i \tag{2.33}
$$

公式(2.32)两侧同乘 $Z_m^i$，并求数学期望，由于 $U_j^{i+1}$ 与第 $i$ 步的随机场并没有相关性，公式(2.32)变为：

$$
E[Z_{2j}^{i+1}Z_m^i]=\sum_{k=j-n}^{j+n}a_{k-j}^iE[Z_k^iZ_m^i] \tag{2.34}
$$

此时，仅需要求得随机场生成过程中第 $i+1$ 步和 $i$ 步中不同单元间局部平均值的协方差$E[Z_{2j}^{i+1}Z_m^i]$，即可通过求解线性方程组求得得$a_l^i$的值。由LAS技术固有性质可知，第$i+1$步分割时，与$Z_{2j}^{i+1}$相邻的单元$Z_{2j-1}^{i+1}$的局部平均值由第$i$步保留的局部平均值所确定，即第$i+1$步的均值等于第i步的值，可由下式求得：

$$Z_{2m-1}^{i+1}=2Z_m^i-Z_{2m}^{i+1} \tag{2.35}$$

此时有：

$$\begin{aligned}E[Z_{2j}^{i+1}Z_m^i]&=\frac{1}{2}E[Z_{2j}^{i+1}(Z_{2m-1}^{i+1}+Z_{2m}^{i+1})]\\&=\frac{1}{2}E[Z_{2j}^{i+1}Z_{2m-1}^{i+1}]+\frac{1}{2}E[Z_{2j}^{i+1}Z_{2m}^{i+1}]\end{aligned} \tag{2.36}$$

令$2j+n=2m$，则第$i+1$步中相隔$n-1$和$n$个单元距离的单元局部平均值的协方差为：

$$\begin{aligned}E[Z_{2j}^{i+1}Z_{2m-1}^{i+1}]&=E[Z_{2j}^{i+1}Z_{2j+(n-1)}^{i+1}]=\left(\frac{1}{D^{i+1}}\right)^2\int_0^{D^{i+1}}\int_{(n-1)D^{i+1}}^{nD^{i+1}}B(\xi-\xi')\mathrm{d}\xi\mathrm{d}\xi'\\&=\left(\frac{1}{D^{i+1}}\right)^2\left\{\begin{aligned}&\int_{(n-2)D^{i+1}}^{(n-1)D^{i+1}}[\xi-(n-2)D^{i+1}]B(\xi)\mathrm{d}\xi\\&+\int_{(n-1)D^{i+1}}^{nD^{i+1}}[nD^{i+1}-\xi]B(\xi)\mathrm{d}\xi\end{aligned}\right\}\end{aligned} \tag{2.37}$$

$$\begin{aligned}E[Z_{2j}^{i+1}Z_{2m}^{i+1}]&=E[Z_{2j}^{i+1}Z_{2j+n}^{i+1}]=\left(\frac{1}{D^{i+1}}\right)^2\int_0^{D^{i+1}}\int_{nD^{i+1}}^{(n+1)D^{i+1}}B(\xi-\xi')\mathrm{d}\xi\mathrm{d}\xi'\\&=\left(\frac{1}{D^{i+1}}\right)^2\left\{\begin{aligned}&\int_{(n-1)D^{i+1}}^{nD^{i+1}}[\xi-(n-1)D^{i+1}]B(\xi)\mathrm{d}\xi\\&+\int_{nD^{i+1}}^{(n+1)D^{i+1}}[(n+1)D^{i+1}-\xi]B(\xi)\mathrm{d}\xi\end{aligned}\right\}\end{aligned} \tag{2.38}$$

将式(2.37)和式(2.38)代入式(2.36)可得：

$$\begin{aligned}E[Z_{2j}^{i+1}Z_m^i]&=\left(\frac{1}{D^{i+1}}\right)^2\int_{(n-2)D^{i+1}}^{(n-1)D^{i+1}}[\xi-(n-2)D^{i+1}]B(\xi)\mathrm{d}\xi\\&+\left(\frac{1}{D^{i+1}}\right)^2\int_{(n-1)D^{i+1}}^{nD^{i+1}}D^{i+1}B(\xi)\mathrm{d}\xi\\&+\left(\frac{1}{D^{i+1}}\right)^2\int_{nD^{i+1}}^{(n+1)D^{i+1}}[(n+1)D^{i+1}-\xi]B(\xi)\mathrm{d}\xi\end{aligned} \tag{2.39}$$

当 $m=j-n,\cdots,j+n$ 时，通过求解 $n+1$ 元线性方程组可得 $a_l^i$ 的值。联立(2.32)和(2.34)可以得出：

$$(c^{i+1})^2=E[(Z_{2j}^{i+1})^2]-\sum_{k=j-n}^{j+n}a_{k-j}^iE[Z_{2j}^{i+1}Z_K^i] \tag{2.40}$$

所有随机场离散过程中，公式(2.34)到(2.40)中出现的求数学期望的计算由公式(2.29)或(2.31)进行计算。对于静态过程，由于公式(2.33)和(2.40)仅仅与选定中心点的容差有关，所以系数集合 $\{a_l^i\}$，$c^i$ 的解与坐标无关。随机场可按照以下步骤生成：

(1) Stage 0 时，采用公式(2.25)和(2.26)计算整体局部平均值；

(2) 当 $i=0,1,2,\cdots,n$ 时，采用公式(2.34)计算系数集合 $\{a_l^i\}$，$l=-n,\cdots,n$，公式(2.40)计算集合 $c_l^{i+1}$；

(3) 分割该区域；

(4) 对 $j=1,2,\cdots,2^i$，采用公式(2.32)和(2.35)计算 $Z_{2j}^{i+1}$ 和 $Z_{2j-1}^{i+1}$；

(5) $i=i+1$，进行第二步运算，当 $i\leqslant n$ 时，跳转到步骤3进行计算；当 $i>n$ 时，结束。

由于LAS过程是一个递归的过程，需要根据上一步的结果来获得下一步的计算值，所以在随机场形成过程中，通过对具体步骤指定特定的局部平均值，相对容易对随机场进行调整，例如，对某个随机过程，如果起始就知道其整体均值，则可直接令Stage 0的局部平均值等于该起始整体均值，随机场的形成可直接从Stage 1开始计算。同理，如果对某区域网格个数重新进行了定义，则该区域各网格现有的局部平均值可作为起始值，直接进行下一步计算。

对于三维LAS随机场技术，其步骤和一维LAS技术类似，其离散过程如图2.2所示，首先定义一个三维空间(长方体)，在每一步进行计算时，将长方体分割为8个体积相等的小长方体，则前7个单元的局部平均值可表示为如下形式：

$$Z^{i+1}=\boldsymbol{A}^{\mathrm{T}}Z^i+\boldsymbol{CU} \tag{2.41}$$

其中 $\boldsymbol{U}$ 为服从均值为0、方差为1的标准正态分布随机向量。令第 $i$ 步计算时，不同单元间局部平均值的协方差记作 $\boldsymbol{Q}$；第 $i+1$ 步计算时，不同单元间局部平均值的协方差记作 $\boldsymbol{S}$；第 $i$ 和 $i+1$ 之间局部平均值的协方差记作

$\boldsymbol{R}$；则有：

$$\begin{aligned}\boldsymbol{Q} &= E[Z^i Z^{i\mathrm{T}}]\\ \boldsymbol{R} &= E[Z^i Z^{(i+1)\mathrm{T}}]\\ \boldsymbol{S} &= E[Z^{(i+1)} Z^{(i+1)\mathrm{T}}]\end{aligned} \tag{2.42}$$

此时系数矩阵 $\boldsymbol{A}$ 和 $\boldsymbol{C}$ 可表示为：

$$\boldsymbol{A} = \boldsymbol{Q}^{-1}\boldsymbol{R},\quad \boldsymbol{C}\boldsymbol{C}^{\mathrm{T}} = \boldsymbol{S} - \boldsymbol{R}^{\mathrm{T}}\boldsymbol{A} \tag{2.43}$$

将式(2.43)代入式(2.41)可求得第 $i+1$ 步前 7 个单元的局部平均值，则第 8 个单元的局部平均值为：

$$Z_8^{i+1} = 8Z^i - \sum_{m=1}^{7} Z_m^{i+1} \tag{2.44}$$

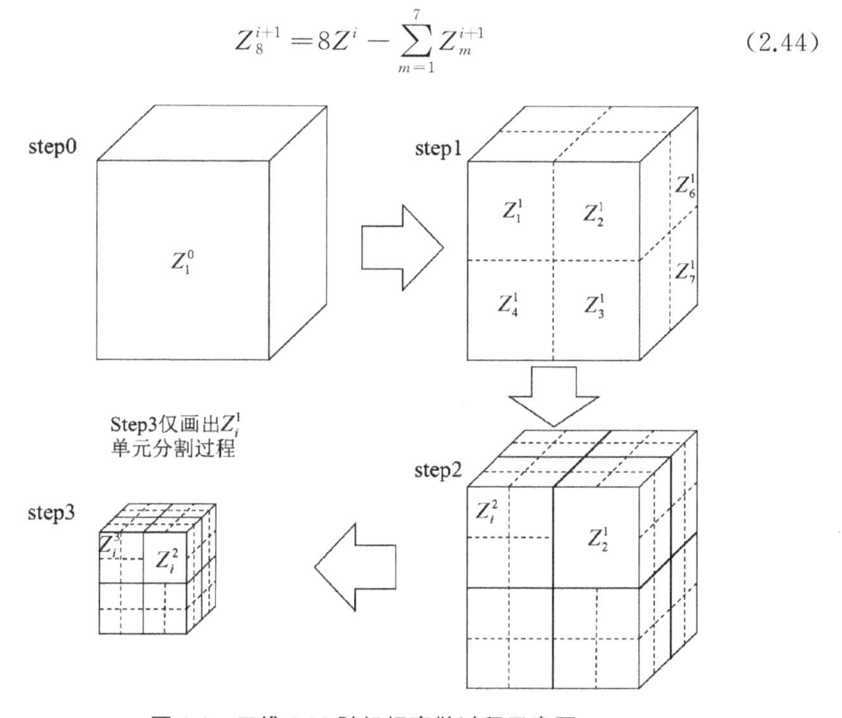


图 2.2　三维 LAS 随机场离散过程示意图

### 2.4.2　渗透系数随机场

渗流随机计算中，土体渗透系数的概率密度函数常常被认为服从对数正态分布，Freeze 于 1975 年在其文章中指出了这点，其后 Hoeksema 和

Kitanidis 在 1985 年[183]，Sudicky 在 1986 年[8]分别对土体渗透系数的这种特性进行了研究。Huang 等 2004 年[184]也在其随机分析中运用了对数正态分布对土体渗透系数的概率密度函数进行了描述。假设某渗透系数随机场的均值为 $\mu_k$，方差为 $\sigma_k^2$，有 $\ln K$ 服从均值为 $\mu_{\ln k}$，方差为 $\sigma_{\ln k}^2$ 的正态分布。

$$\sigma_{\ln k}^2 = \ln\left(1+\frac{\sigma_k^2}{\mu_k^2}\right)$$

$$\mu_{\ln k} = \ln(\mu_k) - \frac{1}{2}\sigma_{\ln k}^2 \tag{2.45}$$

饱和渗流渗透系数随机场可通过下式获得：

$$k_i = \exp(\mu_{\ln k} + \sigma_{\ln k} g_i) \tag{2.46}$$

其中 $k_i$ 为随机场中分配给第 $i$ 个单元的渗透系数，$g_i$ 为标准高斯随机场中，在第 $i$ 个单元所占空间中的局部平均值，$\mu_{\ln k}$ 和 $\sigma_{\ln k}$ 分别为 $\ln K$ 的均值和标准差，其值可通过公式(2.46)求得。LAS 法基于标准高斯概率分布函数(均值为 0，方差为 1)生成一系列相关的 $g_i$，考虑 Gauss-Markov 过程的特点，相关函数选取指数型：

$$\rho(\tau) = \exp\left(-\frac{2}{\theta}\mid\tau\mid\right) \tag{2.47}$$

式中，$\mid\tau\mid$ 为随机场中任意两点的距离，$\theta$ 为随机场中变量的相关尺度。通常地，各种随机场法如 FFT 法、TBM 法、LAS 法等对随机变量的变异系数并无过多要求，由式(2.46)可以看出，渗透系数的变异性取决于其空间分布特性和标准差的大小，当标准差较大时，离散的随机场变异性相应较大，反之亦然。

## 2.5 三维多介质随机场及其数字表示方法

### 2.5.1 三维多介质随机场

在以往基于 LAS 技术的渗流场随机有限元分析当中，多以单一介质的平面问题为出发点，采用蒙特卡罗法，针对不同变异系数或相关尺度的影响，分析渗流场一些响应量的变化规律，并得出了一些结论。如堤防问题，二维单一介质问题往往只从堤身出发，且认为堤基底面是不透水的，但在现实中，具体问题多是三维问题，且模型由多种材料组成，堤身与堤基之间存在着广泛的渗流，因此，二维单一介质的随机分析方法并不适用于实际问题，需要将LAS随机场技术扩展到三维多介质材料中去。

在Feiton的程序中，随机场模型和实体模型是重合的，在实体模型网格生成过程中，随机场网格同时对应建立，这是由随机场网格映射到实体模型网格的过程。即随机场网格适应实体模型的过程。而对实际三维问题，模型几何形状和材料种类众多，即便是简化后的计算模型也由于材料较多，模型尺寸相对复杂等问题，采用随机场网格适应实体模型的过程不可行，此时应建立由实体模型网格到随机场网格的一一对应关系，即实体模型适应随机场网格的过程，具体实现过程如下。

随着有限元的发展，越来越多的学者采用大型商业软件进行相关问题的分析，因此，本书采用大型通用有限元和流体力学分析软件ANSYS进行建模，该软件由可视化图形工作界面，可以直观地看到所建模型并能够直接对模型的实体点、线、面、体元素和单元进行各种操作，能大大地加快复杂模型的建立工作。由于实体建模是在ANSYS中完成，而LAS技术生成的随机场是在另外一套程序中生成，其输出模式和类型与ANSYS输出的单元节点组合并不完全相同，并且在生成的模型中，单元序列并非固定不变，同时不可人为操作，因此，为了统一，需对ANSYS生成的网格进行重新排序，使其符合计算要求。

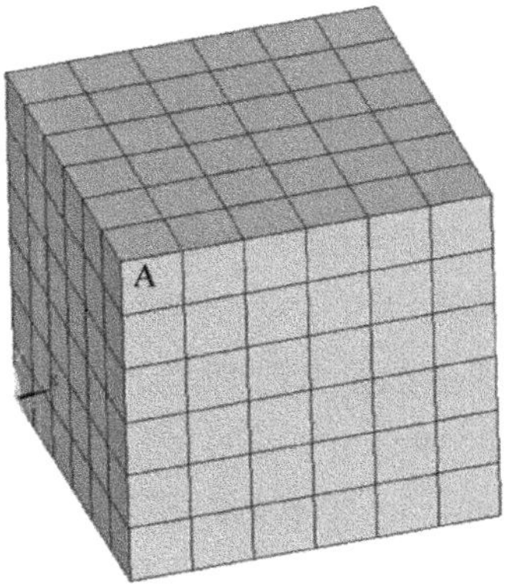

图2.3为一正方体模型，其边界长度为$L$，该模型沿$XYZ$轴方向均匀地划分为$n$个单元，单元类型为正六面体块体单元，每个单元的长宽高均为$L/n$。接下来，对杂乱无章的模型单元序列进行排序，其顺序可以按照坐标轴顺序任意排列，同时还可以按照上下、左右、前后顺序任意排列。这里举例说明具体算法，假设单元序列需要先由$XY$面沿$X$轴正方向从左到

A

**图2.3 三维模型单元网格示意图**

右，沿 $Y$ 轴负方向从上到下排列，然后沿 $Z$ 轴负方向从前向后排列，且排序后的单元序列储存在 **Num** 矩阵中。给定模型计算原点即左上角点 $A$ 的坐标为 $(x_0, y_0, z_0)$，第 $i$ 个单元各节点坐标分为 $(x_j, y_j, z_j)$，$j=1, 8$，则第 $i$ 个单元中心点坐标为：

$$\begin{cases} cx_i = \sum_{j=1}^{8} x_j \\ cy_i = \sum_{j=1}^{8} y_j \\ cz_i = \sum_{j=1}^{8} z_j \end{cases} \tag{2.48}$$

则按照要求得到的单元序列为：

$$\boldsymbol{Num} = \text{int}\left(\frac{cx_i - x_0}{L/n}\right) + n\,\text{int}\left(\frac{cy_i - y_0}{L/n}\right) + n^2\,\text{int}\left(\frac{cz_i - z_0}{L/n}\right) + 1 \tag{2.49}$$

式中 **Num** 为排序后的单元序列矩阵，显然正方体模型和正六面体单元为计算的特殊情况，为满足一般应用，当模型区域为长方体、单元类别为六面体块体单元时，设其边界长度为 $L_x$，$L_y$，$L_z$，该模型沿 $XYZ$ 轴方向均匀地划分为 $n_x$，$n_y$，$n_z$ 个单元，此时，新的单元序列为：

$$\boldsymbol{Num} = \text{int}\left(\frac{cx_i - x_0}{L_x/n_x}\right) + n_x\,\text{int}\left(\frac{cy_i - y_0}{L_y/n_y}\right) + n_x n_y\,\text{int}\left(\frac{cz_i - z_0}{L_z/n_z}\right) + 1 \tag{2.50}$$

同理，如果需要按其他序列排序，可参照以上方法获得。由此，建立了实体模型单元与 LAS 技术生成的随机场单元之间的一一对应关系，通过映射，即可把渗透系数随机场赋予实体模型的每个单元并计算对应的灰度值。当模型由多种材料组成时，计算原理相同，步骤基本不变。首先要确定模型各种材料所需要的单元序列，然后根据相应的序列确定每种材料的计算原点坐标，即上述分析中的 $A$ 点坐标，然后代入各种序列对应的公式中进行计算并得出相应的 **Num**。注意这里的公式并非固定不变的，应根据计算原点所处的位置和单元序列顺序做出相应的改变，例如对 $XY$ 面进行从右到左排序时，需对 int() 函数取绝对值；当计算原点选择材料中心点时，需要改变常数项的大小等。

### 2.5.2 单元灰度值的计算方法

作者最初接触随机场时，在较长的时间内对随机场的基本概念都没有清楚的认识，也很难想象出土体随机场究竟应该是怎样一个状态。随着认识的深入，为了可以从某种意义上展示随机场的分布规律，作者发展了一种利用灰度图表示随机场分布规律的方法。

采用LAS随机场生成技术的随机有限元法与其他随机方法相比的一个突出特点是：每次计算生成的随机变量场都能以灰度图的形式展现出来。在以往的研究中，学者多针对单一材料问题进行分析，且多为平面问题，对于随机场的灰度图展示，少有提及。Ahmed在分析重力坝随机渗流时，给出了渗透系数随机场单次灰度图成像，文章中将重力坝看成二维问题，仅考虑坝身内部的随机渗流，不考虑相关堤基土层中的渗流情况。Fenton和Griffiths在分析二维平面重力坝自由面随机渗流问题中给出了简单的二维渗透系数随机场分布灰度图。在其他学者的一些相关研究中，由于研究方法问题，无法给出参数的空间变异性灰度图，如采用泰勒展开随机有限元法、摄动随机有限元法、复变量表示参数随机性的随机有限元法等。常规的Monte Carlo随机有限元法虽然有可能以灰度图形式展示参数的随机性，但国内学者采用蒙特卡罗法进行渗流随机有限元计算时，往往为了验证其他方法的科学合理性和精确性，并不关注该方法本身的问题。同时，常规的Monte Carlo由于其抽样的随机性，只能从参数的均值和变异系数入手，很难把随机场相关尺度的概念考虑进去。

一幅完整的图像，是由红色、绿色、蓝色三个原色组成的，红色(R)、绿色(G)、蓝色(B)三个原色的色深都是以灰度显示的，用不同的灰度色阶来表示红、绿、蓝在图像中的比重。灰度是指黑白图像中的颜色深度，范围一般为0～255，白色为255，黑色为0，简单说就是色彩的深浅程度，故黑白图片也称为灰度图像。灰度图像与黑白图像不同，在计算机图像领域中黑白图像只有黑白两种颜色，灰度图像在黑色与白色之间还有许多级的颜色深度。参数的空间变异性决定了随机场中不同位置之间其性质各不相同，对于随机场整体来说，根据变异系数的不同，参数的取值范围也在一个相对固定的区间内，这与灰度的取值范围相近，因而可以用灰度值来近似地表示随机场内不同位置处随机变量的取值大小。

灰度数字图像就是没有色彩，*RGB* 色彩分量全部相等的图像，其每个像素只有一个采样颜色。这类图像通常显示为从最暗黑色到最亮的白色的灰度，对于一幅图像，如果其原色彩为：

$$RGB(R, G, B) \tag{2.51}$$

将 $RGB(R, G, B)$ 中的三种基本色灰度值 $R$，$G$，$B$ 统一用 $Gray$ 值替换，形成新的颜色 $RGB(Gray, Gray, Gray)$，此时生成的 $RGB(R, G, B)$ 图像就是灰度图了。

由图像灰度值和随机场变量取值特点可知，两者存在某种对应的关系，这里我们假设随机场灰度值和随机场土体渗透系数值存在线性相关关系，则两者之间的关系可用下式近似表达：

$$Gray = a\boldsymbol{K} + b \tag{2.52}$$

由于黏土体渗透系数一般取值较小，约为 $10^{-8}\sim10^{-6}$ m/s 数量级，直接用来计算 $Gray$ 值会造成系数项过大的问题，根据以往的研究，土体渗透系数空间变异特性服从对数正态分布，且对离散后的随机场渗透系数进行统计分析时，往往考察的是渗透系数的对数值，为了统一起见，假设随机场灰度值与土体渗透系数对数值呈线性关系，则上式可变为：

$$Gray = a\,\mathrm{Ln}\boldsymbol{K} + b \tag{2.53}$$

式中 $Gray$ 为单元灰度矩阵，$\boldsymbol{K}$ 为单元渗透矩阵，ab 为待定系数。由以上分析可知灰度值的取值范围为 0 ～ 255，当 Gray＝ 0 时，颜色为纯黑，假定此时对应渗透系数对数的最小值为 $\mathrm{Ln}\boldsymbol{K}_{min}$，当 $Gray$＝ 255 时，颜色为纯白，此时对应渗透系数对数的最大值 $\mathrm{Ln}\boldsymbol{K}_{max}$，通过对灰度值进行线性插值，可得：

$$\begin{cases} a = \dfrac{255}{\mathrm{Ln}\boldsymbol{K}_{max} - \mathrm{Ln}\boldsymbol{K}_{min}} \\ b = -\dfrac{255\mathrm{Ln}\boldsymbol{K}_{min}}{\mathrm{Ln}\boldsymbol{K}_{max} - \mathrm{Ln}\boldsymbol{K}_{min}} \end{cases} \tag{2.54}$$

代入公式后，即可求得模型的整体单元灰度矩阵，然后根据整体模型的材料信息、单元信息、节点信息，结合单元灰度值进行绘图。在常用的绘图软件中，MATLAB 具有可编程性强、计算能力强、对有限单元法适应性强、绘图功能强等多种优点，本书选择该软件来绘制随机场灰度图。

### 2.5.3 程序编制

依据上述原理，在 Compaq Visual Fortran 6.6 编译环境下，作者编写了基于LAS技术的三维多介质随机场生成及实体模型单元灰度值计算程序。其流程图如图2.4所示。MATLAB中执行的绘图程序较为简单，在此不再赘述，其中MATLAB需要的绘图信息包含模型尺寸信息、单元节点信息及计算所得灰度值信息。

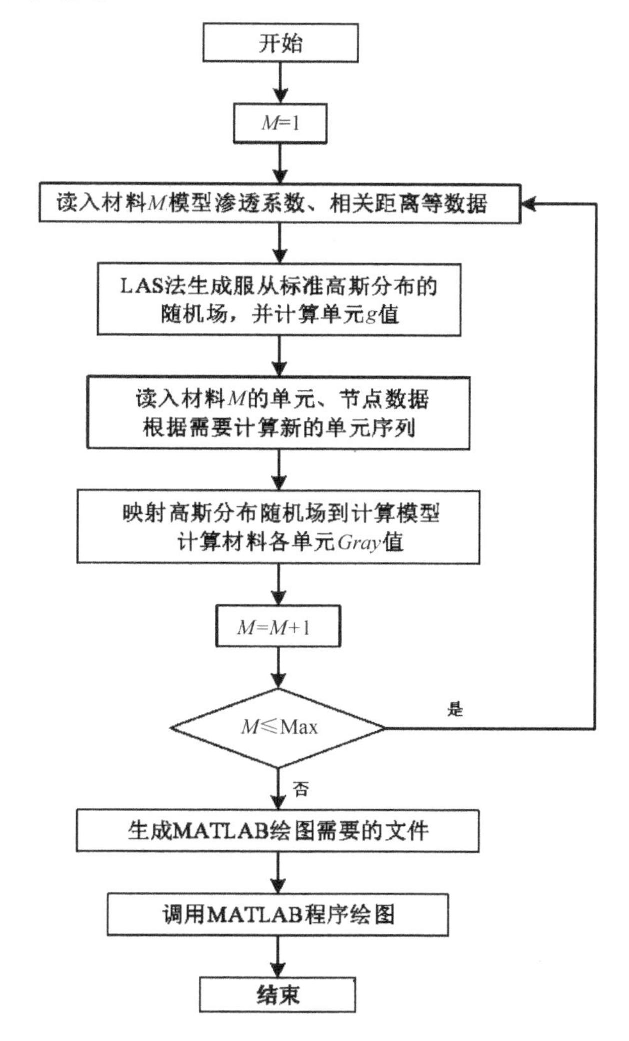


**图2.4　三维多介质随机场生成流程图**

图2.5为依据本节方法生成的一个三维随机场灰度分布图，模型分上下两层，每一层为一种材料，这里为了表现出灰度值的区分度，将上下两层材料的随机变量分别取相差较大的值，进而突出差别。计算结果表明，该方法取

得了较好效果。当 *Gray* 值趋于 0 时，颜色较深，趋于纯黑；当 *Gray* 值趋于 255 时，颜色较浅，趋于纯白。图中可以看到上层整体颜色偏黑，说明此处 *Gray* 接近于 0，其相对的随机变量值较小，而下层整体颜色偏浅，说明此处 *Gray* 值距离 255 较近，其对应的随机变量值也相对较大。

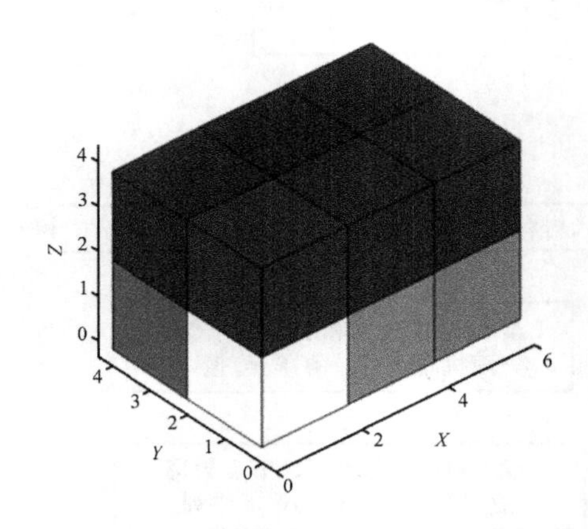


**图 2.5 程序生成的两种介质三维随机场灰度图**

## 2.6 三维随机场离散程序数值验证

变异系数和相关尺度是随机场的两个重要特征，反映了随机场的离散程度和场内各点之间关联性的强弱，因此，可通过变异系数和相关尺度对随机场的影响来验证三维多介质随机场程序的正确性。

### 2.6.1 变异系数对随机场分布规律的影响

在概率论和统计学中，变异系数，又称"离散系数"，常用 Cov(Coefficient of Variation)来表示，是概率分布离散程度的一个归一化量度，其定义为随机变量标准差与平均值之比：

$$\mathrm{Cov}(k)=\frac{\sigma_k}{\mu_k} \tag{2.55}$$

其中 $\sigma_k$，$u_k$ 分别为原始数据标准差和均值，显然 Cov 没有量纲，这样就可以对不同类型的数据进行比较。事实上，可以认为变异系数和标准差、方差一样，都是反映数据离散程度的量，其数据大小不仅受变量值离散程度的影响，而且还受随机变量均值的影响。变异系数对随机变量的分布规律有重要的影响，结合上节内容，可以从图像上来进行直观的分析。

**算例 1：** 生成三维随机场灰度图，区域为长方体，长宽高分别为：$X \times Y \times Z = 40 \times 40 \times 16$ m，有限元网格尺寸沿 $XYZ$ 轴方向分别取 1 m×1 m×2 m，随机场模型采用本章建议模型，渗透系数均值取 3E－5 m/s，变异系数取0.3，各向相关尺度相等且取值为 4 m。渗透系数服从对数正态分布，随机场离散后，最小渗透系数取值为 1.2E－5 m/s，最大取值为 6.8E－5 m/s。将渗透系数共分为 10 组，分别生成 10 组单元集合渗透系数随机场灰度图。

由图 2.6 可以看到，渗透系数在区间 1.2E－5～1.9E－5 m/s 时，颜色最深，区间 4.1E－5～6.8E－5 m/s 时，颜色最浅，且随着渗透系数区间由小到大递增，与之对应的随机场灰度值也相应变浅，这符合单元灰度值赋值规律。图中，$n$ 为该区间内随机场单元个数，显然可以看出，当渗透系数在 1.2E－5～1.9E－5 区间内时，单元个数最少；而在均值处即区间 2.8E－5～3.2E－5 时，单元个数有所增加，但并未达到最大值；在其他渗透系数区间时，单元

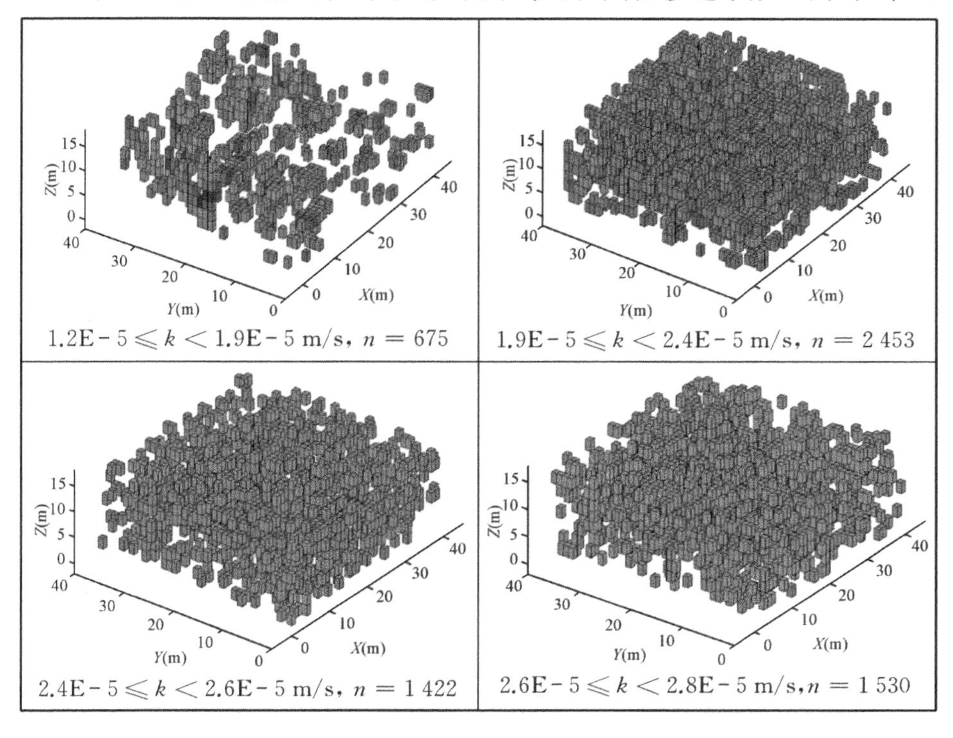

1.2E－5 ≤ $k$ < 1.9E－5 m/s，$n$ = 675　　1.9E－5 ≤ $k$ < 2.4E－5 m/s，$n$ = 2 453

2.4E－5 ≤ $k$ < 2.6E－5 m/s，$n$ = 1 422　　2.6E－5 ≤ $k$ < 2.8E－5 m/s，$n$ = 1 530

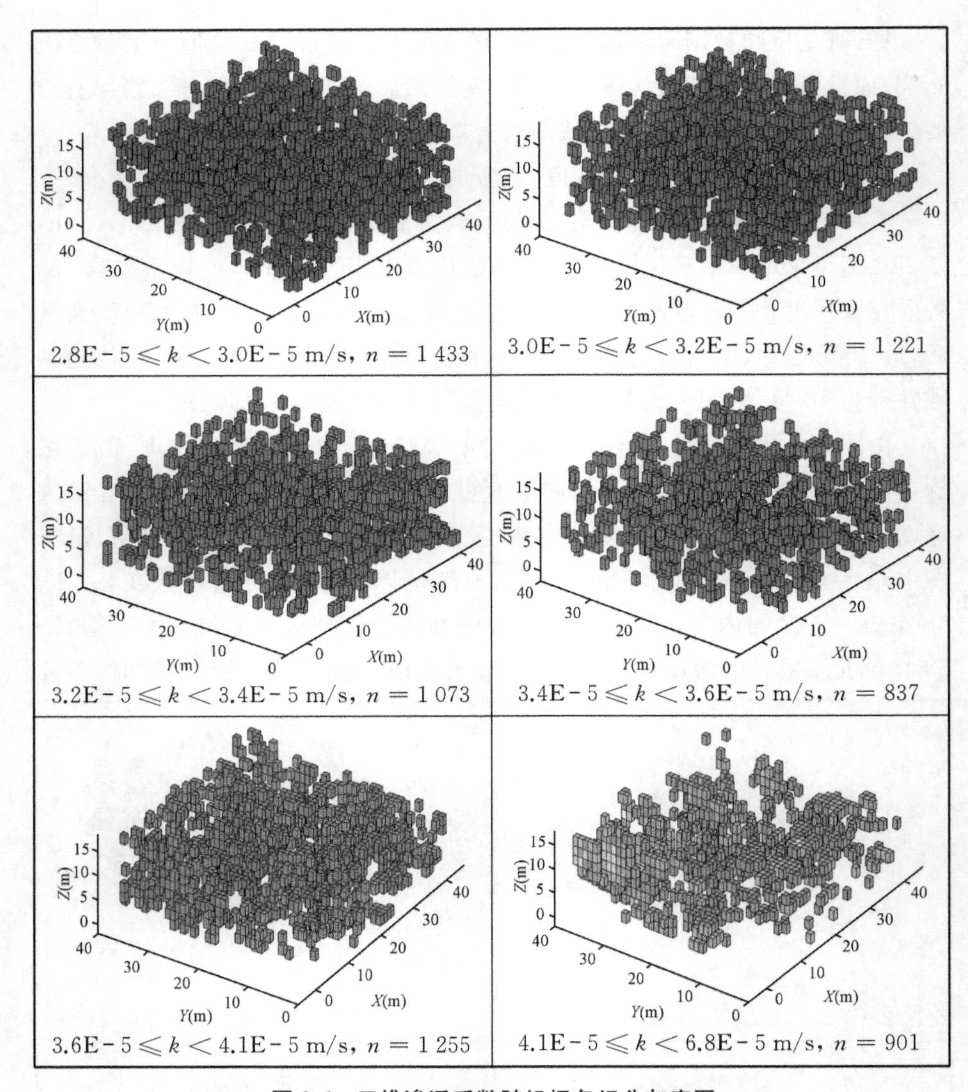


**图 2.6　三维渗透系数随机场各组分灰度图**

个数取得最大值。这种现象的原因是参数的空间变异性，当变异系数为 0 时，所有单元渗透系数均相等且等于均值；当变异系数不等于 0 时，单元值发生变化，且单元值落在各区间上的频数不同，本算例中变异系数为 0.3，标准差为 $0.9\times10^{-5}$ m/s，因此在不同区间内单元频次最大值出现在偏离均值点较远处，而非出现在均值点处。

在单元数较少的区间(单元数较多时，有严重的互相遮挡现象，不利于分析)，$1.2\mathrm{E}-5\ \mathrm{m/s} \leqslant k < 1.9\mathrm{E}-5\ \mathrm{m/s}$ 或 $4.1\mathrm{E}-5\ \mathrm{m/s} \leqslant k < 6.8\mathrm{E}-5\ \mathrm{m/s}$ 时，可明显地看到颜色相近的单元在局部呈团块状分布，这体现了相关尺度对随机场的影响，在相关尺度影响范围内，单元间由于存在较强的相互关联性，使得相近单元取值相对均匀，呈现出上述团块状的分布规律。

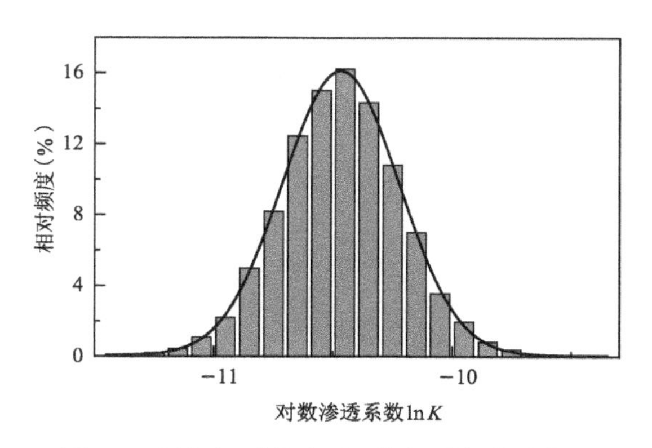


**图 2.7　随机场对数渗透系数相对频度分布图**

对本例中离散后的三维渗透系数随机场进行统计，所得分布规律如图2.7所示，渗透系数服从对数正态分布。本算例中，变异系数和相关尺度的影响在生成的三维随机场中均有所体现，且离散后的渗透系数仍然服从对数正态分布，生成的随机场能够满足设计要求，这也说明了计算程序的正确性。同时，由于三维随机场灰度图存在明显的三维单元互相遮挡现象，因此在算例2和3中取三维随机场的某切面来进行分析，以达到更好的视觉效果。

**算例2**：模型为一长方体，其尺寸沿坐标轴方向分别取 $X \times Y \times Z = 40 \times 40 \times 16\ \mathrm{m}$，有限元网格尺寸沿 $XYZ$ 轴方向分别取 $1\ \mathrm{m} \times 1\ \mathrm{m} \times 2\ \mathrm{m}$，模型由上下两种材料组成，且两部分体积相等。随机场模型采用本节建议的渗透系数随机场，两种材料渗透系数均值相等，取 $\mu_k = 1 \times 10^{-7}\ \mathrm{m/s}$，随机场各向相关尺度相等，且固定为5 m，两种材料的变异系数取值分两组，分别为0.1(上)，0.3(下)和0.3(上)，0.5(下)。

图2.8中画出了上下两种渗透系数随机场的部分网格，其目的是为了展示三维模型内部空间中的渗透系数分布规律，可以看到随机场在三个主平面上表现出了相似的规律，在 $XY$ 平面(由于灰度图没有完全画出，$XY$ 面表现为两个不连续的细长平面)，在靠近 $Y=10\ \mathrm{m}$ 和 $Y=40\ \mathrm{m}$ 平面处，颜色较深，灰度值接近于0，且相似灰度单元呈不规则条块状分布；在 $XZ$ 面(模型内部

某切面)，在靠近 $X=15$ m 和 $X=30$ m 平面处，颜色较深，单元灰度值较低，且颜色相近单元呈片状区域性分布，由于 $Z$ 向单元网格稀疏，造成了网格间灰度变化相对 $XY$ 面不平滑。靠近 $Z=0$ 面的模型灰度变化不明显是由于这部分变异系数很小造成的。

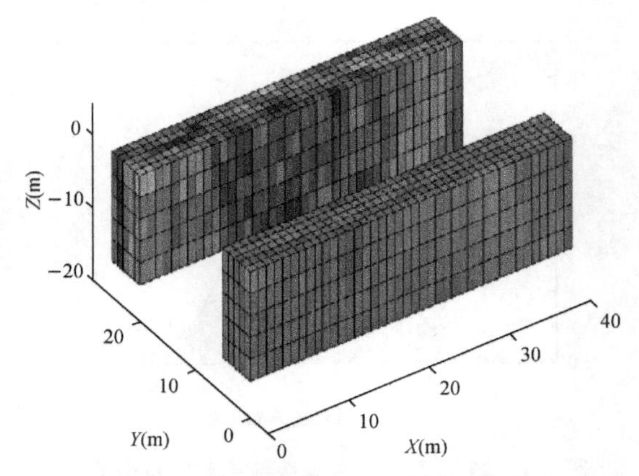


图 2.8 模型表面和内部三维随机场灰度图

通过对三维多材料模型随机场灰度图模型表面和内部的简单分析可知，灰度值(与渗透系数一一对应)的分布既体现了变异系数对其的影响，也表达了随机场相关尺度在其分布中所起到的作用，同时也验证了灰度值计算程序的正确性。由于三维视角的局限性，在以下的分析中，将不再展示随机场的三维视角，而是采用 $XY$ 面作为分析对象。

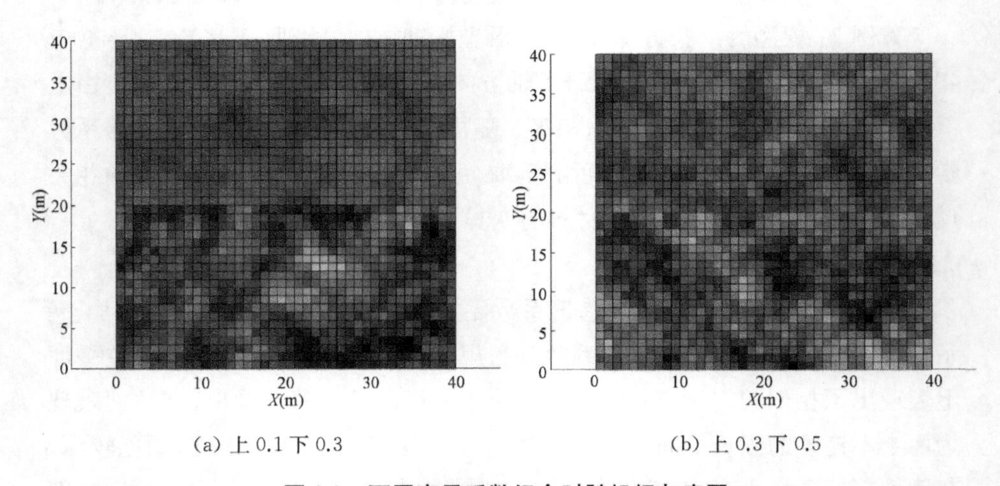


(a) 上 0.1 下 0.3　　(b) 上 0.3 下 0.5

图 2.9 不同变异系数组合时随机场灰度图

图2.9为渗透系数三维随机场灰度图在$XY$面上的侧视图，可以看到，两幅图中上半部分单元灰度值较为均匀，整体色差不大，没有接近纯白或纯黑的单元，这说明其灰度值取值集中于靠近中间的一个较小的区间内，对应的渗透系数取值变化不大，且偏离其均值处不远；下半部分单元灰度值出现了明显的差异性，并呈现出明显的接近纯黑或纯白的现象，由变异系数定义可知，变异系数越大，渗透系数偏离其均值的程度越高，相对地，单元可取得更大或更小的渗透系数值，且其概率也相应增加，由灰度计算值可知，此时灰度值两极分化明显，图像对比度增大。

图2.9(a)变异系数取值为上部0.1，下部0.3，(b)渗透系数取值为上部0.3，下部0.5，因此(a)(b)表现出了相似的规律性，但注意到(b)图上部和(a)图下部的变异系数相同，渗透系数均值也相同，但两者却表现出了截然不同的规律，甚至，从灰度图上看两图的上部表现出了较大的相似性，其下部也表现出了极大的相似性，显然，这不符合变异系数与随机变量的一般特征，作者认为，造成这种现象的原因主要有2点：①对(a)或(b)图来说，在灰度值计算过程中，对上下两层进行了统一的计算，而非对单一材质进行独立计算。(a)图中最大变异系数为0.3，而(b)图中最大变异系数为0.5，由于受到更大变异系数的影响，(b)图上部图像的对比度显著降低，尽管和(a)图下部变异系数相同，但其图像对比度仍有明显差别。②虽然(a)和(b)图上层灰度图较为相似，但不难看出(a)图中灰度值更加均匀，极少出现灰度值较大或较小的点，而(b)图中某些区域出现了灰度值较大或较小(黑白)的值，区域间也呈现出一定的反差性，这也说明了后者的变异系数要比前者大。

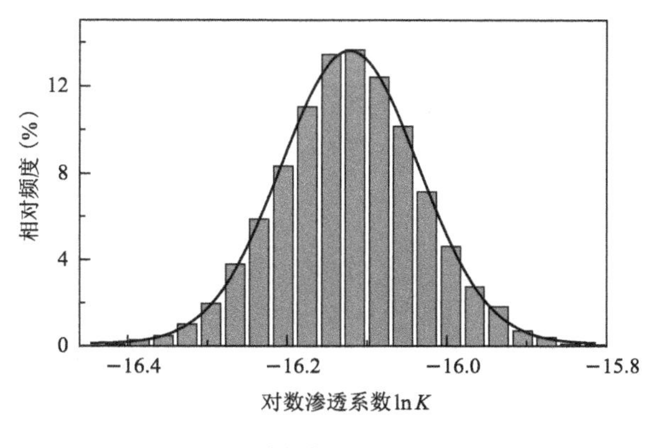


(a) Cov=0.1

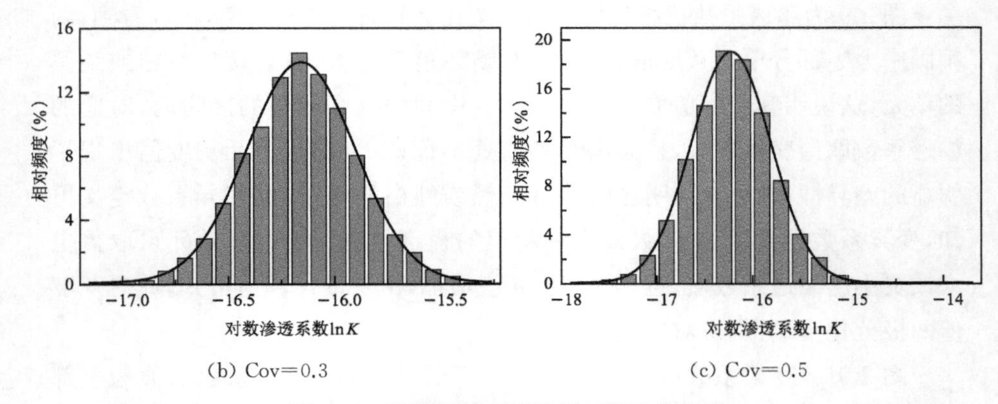


(b) Cov=0.3 (c) Cov=0.5

**图 2.10 随机场渗透系数相对频度分布图**

原则上计算多种材料模型的灰度值时,应将统一模型中所有材料的灰度值统一进行计算,这样在绘制随机场灰度图时,材料之间由于所处的灰度区间不一致而显现出明显的差异性,如图 2.6 所示。如果对统一模型中不同材料独立进行灰度值计算,由计算公式可知,每种材料随机变量最大值和最小值均对应纯黑和纯白(0 和 255),在绘制随机场灰度图时,会出现材料本身图像对比度较高,但不同材料之间则呈现出明显的一致性,并不利于整体模型随机场灰度图的展示。

在图 2.10 中,渗透系数的统计规律符合对数正态分布,在 Cov=0.1 时,渗透系数对数的取值区间约为−15.8～−16.45;Cov=0.3 时,渗透系数对数的取值区间约为−15.25～−17.25;Cov=0.5 时,渗透系数对数的取值区间约为−14～−18,显然的,随着变异系数的增大,取值区间也相应增大,这种规律与变异系数的定义相吻合。

本算例三维二介质随机场中,变异系数的变化在随机场中有明确的体现,且对离散后的渗透系数进行统计时,很好地反映了其空间分布特性,同时又体现出了变异系数对其的影响。通过以上分析,验证了三维多介质计算程序的正确性。

## 2.6.2 相关尺度对随机场分布规律的影响

随机场法与随机变量法最根本的区别是引入了场的概念,认为参数的空间变异性不仅仅受到变异系数的影响,同时还受到相临近点的影响,在 Vanmarcke 的随机场理论中,引入了相关尺度的概念,相关尺度 $\theta$ 指在随机场中某一随机变量的影响范围，当 $\theta$ 取值较小时，则随机场中某点仅与其较近的点存在相关性，生成的随机场不均匀性较大；当 $\theta \to 0$ 时，该点仅能影响其自身，与周围点不存在相关性，此时，该变量不具备场边变量特性；当 $\theta \to \infty$ 时，随机场中所有点之间存在相关性，生成的随机场表现出更强的一致性。为了直观地分析相关尺度对随机变量分布规律的影响，利用本章建议的方法进行了计算。

**算例 3：** 模型尺寸与算例 1 相同，由单一材料组成，随机场模型采用本章建议的渗透系数随机场，材料渗透系数均值取 $\mu_k = 1 \times 10^{-7}$ m/s，变异系数取 0.3，随机场各相关尺度相等，本分析考察相关尺度分别取 $\theta = 1, 5, 10, 20$ m 时渗透系数对随机场的影响。

图 2.11 可以看出，当 $\theta = 1$ m 时，随机场灰度图没有明显的分布规律，不同灰度值的单元互相夹杂，多数单元与邻近单元之间的灰度值差距较大，少

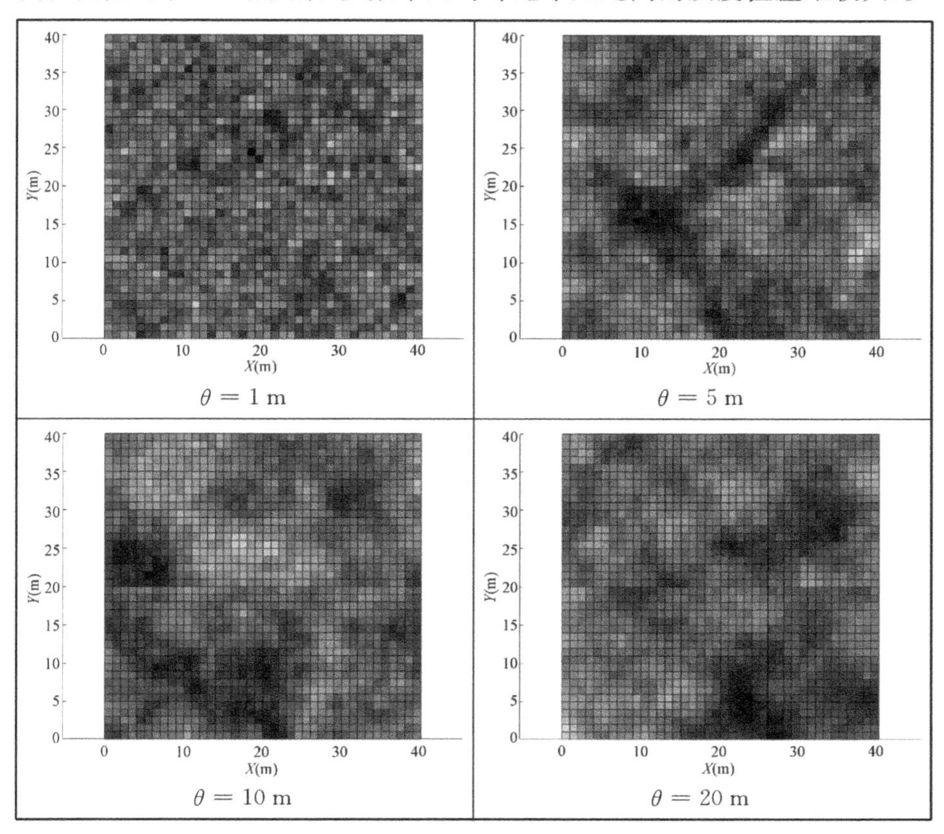


**图 2.11 不同相关尺度时随机场灰度图**

量单元与周围单元灰度近似并聚集成块，块内单元个数较少，这说明了此时单元与单元之间独立性较强，几乎不呈现相关性，考虑在 $XY$ 面上单元尺寸为 1 m×1 m，而相关尺度也为 1 m，根据定义，这决定了单元此时仅仅与相邻单元呈现一定的相关性。

当 $\theta=5$ m 时，可以看到，平面内出现两条颜色较暗的狭长带状区域，灰度值在不同区间分布的区块互相穿插现象较为明显，不同区块间边界差异明显，此种现象说明了此时随机场相关尺度仍然较小，渗透系数只能在较小的区域内相对均匀，在大区域内，仍然出现较为明显的差异。

当 $\theta=10$ m 时，随机场灰度图呈现出明显的区域性，该区域面积相对较大，包含的单元个数也较多，对单个区域来说，能看出其存在明显的区域中心，在该处，灰度值取最大值或最小值，周边单元灰度值依据其距离中心点处的距离依次增大或者降低，且过渡均匀，呈现出较为明显的梯度分布。区域和区域之间极少出现穿插现象，不同区域之间边界不明显，区域之间相互过渡顺滑。

当随机场灰度图分布规律与 $\theta=10$ m 时呈现出近似的规律，所不同的是，最大区域面积增大，与其他情况相比，随机场灰度值整体上相对均匀，这意味着渗透系数在更大的区域内处于强相关状态。

以上分析可以看出，当相关尺度与单元网格尺寸相等时，各单元之间几乎没有关联性，可将其视为完全独立。随着相关尺度的增大，单元之间开始在较小的区块内呈现出一定的关联性，此时区块之间呈现明显的互相穿插，且区块间边界明显。当相关尺度进一步增大时，随机场在较大的区域内呈现较强的关联性，区域中心明显，过渡顺滑。相关尺度进一步增大时，灰度值在整个模型中呈现出明显的均匀性，单元在更大的区域内呈现出强关联性。注意到当 $\theta=10$ m 和 $\theta=20$ m 时，得到的随机场灰度图分布规律相近，说明随机场内单元之间的关联性不会随相关尺度的增大而无止境的增大。当相关尺度到达一定数值时，其对随机变量分布规律的影响逐渐降低，可近似地认为此时得到的随机场分布规律即为相关尺度无穷大时得到的规律。

## 2.7 本章小结

(1) 本章介绍了常用的几种随机有限元方法。其中 Monte Carlo 随机有限元法是最常用也是认可度最高的一种方法，可应用于多种复杂情况，并能给出合理的解答；Taylor 展开法和摄动展开法基本原理类似，计算效率高，收敛快，在变异系数较小时，能达到很高的精度要求，但当变异系数较大时，如果要得到较高的精度要求，则不能忽略二阶甚至三阶展开项，此时计算机需进行大量的计算，计算效率严重降低，因此其适用范围受到了一定的限制。最后介绍了随机场的基本理论以及随机变量的均值、相关尺度、相关函数等的基本概念。

(2) 本章详细介绍了基于 LAS 技术的随机场离散方法，推导了随机场离散过程中所生成的单元局部平均值计算过程，其中重点推导了同步单元之间和异步单元之间互协方差的计算公式。发展了一种基于 LAS 技术的三维多介质随机场模型：针对现存堤防工程中广泛存在的填筑材料强变异性问题，基于 LAS 技术，将二维单一介质随机场理论扩展到三维多介质随机场中，重新计算了多介质复杂实体模型的单元序列，使之与三维随机场单元一一对应，并可将其应用到任意三维多介质实体模型当中。

(3) 本章介绍了采用数字图像表示随机场的基本原理，建立了单元灰度与单元渗透系数相互对应的关系，并给出了单元灰度值计算方法。在此基础上基于 FORTRAN 语言编写了三维多介质随机场生成及其数字化表示程序。

(4) 采用可视化方法验证了三维多介质随机场生成程序的正确性，同时分析了变异系数和相关尺度对渗透系数随机场分布规律的影响：变异系数体现了渗透系数的离散程度，对离散后随机场单元渗透系数取值区间有较大的影响。相关尺度体现了随机场中不同间距单元之间的关联程度，在相关尺度影响范围内，单元之间关联性较强，其渗透系数取值相对均匀；在其他情况下，由于关联性降低，单元值可能出现较大的差异性。计算结果显著地体现了以上规律，验证了程序的正确性。

第三章

# 考虑强变异性的堤防三维稳定随机渗流场分析

## 3.1 引言

我国河湖众多,洪水灾害发生频率高,据史料记载,从公元前206年至公元1949年中华人民共和国成立的2 155年间,大水灾就发生了1 029次,几乎每两年就有一次。中华人民共和国成立后,我国的水利建设虽然取得了巨大的成就,但由于我国中东部地区河湖分布众多,降雨时空分布不均匀,使得我国仍然是世界上洪水灾害最多的国家之一。洪水主要集中在长江、黄河、珠江、淮河、海河、辽河、松花江等大江大河流域,由于降雨的季节性分布和台风的影响,我国洪水具有突发性强、影响区域大、破坏力强、季节分布明显等特征。水灾不仅严重危害了人们的生命安全,也给受灾地区的经济发展带来了严重的影响。堤防是防止河湖泛滥的主要构筑物,其渗透稳定性不仅仅在正常运营期内起着重要的作用,在洪水期,堤防渗透稳定性更影响到是否会发生局部流土、管涌等现象,是堤防是否发生渗流破坏的重要参考依据。

本章从实际问题出发,考虑堤防土体渗透系数的空间变异性较大,首先采用LAS随机场生成方法生成符合给定概率分布的渗透系数随机场,然后进行单次有限元确定性分析,基于蒙特卡罗法对堤防稳定渗流进行多次随机有限元分析,在考虑不同变异系数和相关尺度的情况下,对堤防三维稳定随机渗流场响应量包括溢出点高程、总水头均值及其标准差、水力梯度值及其标准差进行了统计和分析。

## 3.2 基于变分原理的三维稳定渗流场有限元解答

### 3.2.1 泛函的基本定义及随机变分法

通常的函数在 $R$ 或 $C$($n$ 是自然数) 中的集合上定义,例如,函数 $y=f(x)$ 的自变量是在实数上的集合中定义,函数值根据 $x$ 和运算法则 $f$ 来确定。泛函数常在函数空间甚至抽象空间中的集合上定义,对集合中每个元素取对应值(实数或复数)。通俗地说,泛函数是以函数作为变元的函数,泛函数概念的产生与变分学问题的研究发展有密切关系。传统上,泛函通常是指一种定义域为函数,而值域为实数的"函数"。换句话说,就是从函数组成的一个向量空间到实数的一个映射。也就是说它的输入为函数,而输出为实数。泛函的应用可以追溯到变分法,那里通常需要寻找一个函数用来最小化某个特定泛函。在物理学上,寻找某个能量泛函的最小系统状态是泛函的一个重要应用。

泛函的自变量通常为函数 $f(x)$,设曲线 $AB$ 的长度 $S$ 为函数 $f(x)$ 的定积分,当 $f(x)$ 形式发生变化时,$S$ 也相应的变化,也就是说 $S$ 是曲线 $f(x)$ 的函数,类似地,我们称此类函数的函数为泛函,并表示为 $I=I[y(x)]$,$y(x)$ 为泛函的容许函数类。变分法研究的一大内容即为研究泛函容许函数类中极值问题,对于泛函 $I=I[y(x)]$ 的自变元 $y(x)$ 的变分可表示为 $\delta_y = y_1(x)-y_2(x)$,其中 $y_1(x)$,$y_2(x)$ 分别为其容许函数类中的两个函数。同理,泛函 $I=I[y(x)]$ 可表示为 $\delta I=\frac{\partial I}{\partial y}\delta y$,当 $\delta I=0$ 时,泛函存在极值。

### 3.2.2 求解自由面渗流的改进初流量法

在非线性应力分析中也需要求解非线性方程组,为了更好地进行求解,提出了初应力的概念,使非线性方程组转变为线性方程组。堤防渗流属于有自由面无压渗流,在渗流场求解过程中,自由面位置是未知的,首先需要搜索自由面的位置,此时渗流分析需求解非线性方程组。初流量法[185]与应力分析中的初应力类似,在达西定理中引入初流量 $q^0$,在方程中通过对初流量值的调整,将非线性方程组转化为线性方程组,进而进行求解。在达西定理中,考虑初流量项，则在整个研究区域达西定律可改写为：

$$v_i = -k_{ij}H_{,j} + q_i^0 \quad (i, j = 1 \sim 3) \tag{3.1}$$

式中 $k_{ij}$ 为渗透张量，$q_i^0$ 为初流量值。

对于非饱和区域，发生的多为入渗过程，并无渗流过程，因此实际 $v_i$ 为：

$$v_i = -k_{ij}^0 H_{,j} \quad (i, j = x, y, z) \tag{3.2}$$

其中：

$$k_{ij}^0 = \begin{cases} k_{ij} & (\text{饱和区}) \\ 0 & (\text{非饱和区}) \end{cases} \tag{3.3}$$

将式(3.2)代入式(3.1)可得：

$$q_i^0 = (-k_{ij}^0 + k_{ij})H_{,j} \quad (i, j = 1 \sim 3) \tag{3.4}$$

引入区域识别函数：

$$f(H - z) = \begin{cases} 0 & H - z < 0 \\ 1 & H - z \geqslant 0 \end{cases} \tag{3.5}$$

此时有

$$k_{ij}^0 = f(H - z) \cdot k_{ij} \tag{3.6}$$

由式(3.4)和式(3.1)可得：

$$v_i = -(k_{ij} + k_{ij}^0 - k_{ij})H_{,j} \quad (i, j = 1 \sim 3) \tag{3.7}$$

从式(3.3)～(3.7)可以看出，在非饱和区域，孔压为负，此时单元识别函数取 0，在饱和渗流区域，函数值取 1，在实际有限元分析中，自由面往往穿过单元体，很少在单元表面，因此自由面穿过的单元既有取 0 的部分，也有取 1 的部分，但由于区域识别函数是非连续的，并不能很好地处理这种情况，且会给后续的计算造成误差，为了解决这种不稳定问题，王媛 1998 年[186]提出了改进的初流量法，引入新的连续的区域识别函数 $F(H - z)$ 代替原来的不连续函数，即在 $H - z = 0$ 点处的微小闭合区间 $[\xi_1, \xi_2]$ 中对区域识别函数进行连续化处理，其形式如下式所示：

$$F(H-z)=\begin{cases}0. & H-z\leqslant\varepsilon_1\\ \dfrac{H-z-\varepsilon_1}{\varepsilon_2-\varepsilon_1}. & \varepsilon_1\leqslant H-z\leqslant\varepsilon_2\\ 1. & H-z\geqslant\varepsilon_2\end{cases}\tag{3.8}$$

$k_{ij}^0=F(H-z)\cdot k_{ij}$。经过变换新的连续的区域识别函数,使计算更精确,自由面搜索迭代步数显著降低,有效地提高了计算效率和精确度。

### 3.2.3 基于变分原理的三维稳定渗流场控制方程

假设土体为非均质、各向异性,但 $x$、$y$、$z$ 方向为主渗透方向,有 $k_x=k_{xx}$,$k_y=k_{yy}$,$k_z=k_{zz}$,则三维稳定各向异性渗流基本方程可表示为

$$\frac{\partial}{\partial x}\left(k_x\frac{\partial H}{\partial x}\right)+\frac{\partial}{\partial y}\left(k_y\frac{\partial H}{\partial y}\right)+\frac{\partial}{\partial z}\left(k_z\frac{\partial H}{\partial z}\right)+w=0\tag{3.9}$$

式中 $k_x$,$k_y$,$k_z$ 指主渗透方向上的渗透系数,$w$ 为入渗补给。

三维稳定渗流的边界条件为:

$$\begin{aligned}&H(x,y,z)|=h(x,y,z)\quad (x,y,z)\in\Gamma_1\\&k_x\frac{\partial H}{\partial x}l_x+k_y\frac{\partial H}{\partial y}l_y+k_z\frac{\partial H}{\partial z}l_z+q(x,y,z)=0\quad (x,y,z)\in\Gamma_2\end{aligned}\tag{3.10}$$

式中 $\Gamma_1$ 为已知水头边界;$q$ 为已知流量边界 $\Gamma_2$ 上的流量,流入为正,流出为负;$l_x$,$l_y$,$l_z$ 为边界 $\Gamma_2$ 的外法线方向余弦。

采用变分法进行计算,三维稳定渗流控制方程转变为以下形式,并求其极值:

$$I(H)=\iiint_{\Omega}\left\{\frac{1}{2}\left[k_x\left(\frac{\partial H}{\partial x}\right)^2+k_y\left(\frac{\partial H}{\partial y}\right)^2+k_z\left(\frac{\partial H}{\partial z}\right)^2\right]-wH\right\}\mathrm{d}\Omega+\iint_{S_2}qH\,\mathrm{d}S\tag{3.11}$$

由于采用自由面渗流的改进初流量法进行计算,将式(3.7)代入式(3.11),所得水头函数的泛函 $I(H)$ 可表示为:

$$I(H)=\iiint_{\Omega}\left\{\frac{1}{2}\left[(k_x+k_x^0-k_x)\left(\frac{\partial H}{\partial x}\right)^2+(k_y+k_y^0-k_y)\left(\frac{\partial H}{\partial y}\right)^2\right.\right.$$
$$\left.\left.+(k_z+k_z^0-k_z)\left(\frac{\partial H}{\partial z}\right)^2\right]-wH\right\}d\Omega+\iint_{S_2}qH\,dS \tag{3.12}$$

对水头泛函 $I(H)$ 进行变分得到：

$$\delta I(H)=\iiint_{\Omega}\delta H\left[-\left(k_{kx}\frac{\partial^2 H}{\partial x^2}+k_{ky}\frac{\partial^2 H}{\partial y^2}+k_{kz}\frac{\partial^2 H}{\partial z^2}\right)-w\right]d\Omega+$$
$$\oiint_{S}\delta H\begin{bmatrix}k_{kx}\frac{\partial H}{\partial x}\cos(\boldsymbol{n},x)+k_{ky}\frac{\partial H}{\partial y}\cos(\boldsymbol{n},y)\\+k_{kz}\frac{\partial H}{\partial z}\cos(\boldsymbol{n},z)\end{bmatrix}dS$$
$$+\iint_{S_2}\delta Hq\,dS \tag{3.13}$$

其中：$k_{kx}=k_x+k_x^0-k_x$，$k_{ky}=k_y+k_y^0-k_y$，$k_{kz}=k_z+k_z^0-k_z$。

则其控制方程可表示为如下形式：

$$\iiint_{\Omega}\delta H\left[-\left(k_{kx}\frac{\partial^2 H}{\partial x^2}+k_{ky}\frac{\partial^2 H}{\partial y^2}+k_{kz}\frac{\partial^2 H}{\partial z^2}\right)-w\right]d\Omega+$$
$$\oiint_{S}\delta H\left(k_{kx}\frac{\partial H}{\partial x}l+k_{ky}\frac{\partial H}{\partial y}m+k_{kz}\frac{\partial H}{\partial z}n\right)dS+\iint_{S_2}\delta Hq\,dS=0 \tag{3.14}$$

采用有限单元法对模型进行离散，设单元有 $n$ 个节点，其形函数分别为 $N_i$，则在有限元计算过程中，单元内任一点的水头值可表示为：

$$H=\sum_{i=1}^{n}N_iH_i \tag{3.15}$$

将式(3.15)代入式(3.14)控制方程并整理可得：

$$\iiint_{\Omega}\delta H^{\mathrm{T}}N^{\mathrm{T}}\left[-\left(k_{kx}\frac{\partial^2 NH}{\partial x^2}+k_{ky}\frac{\partial^2 NH}{\partial y^2}+k_{kz}\frac{\partial^2 NH}{\partial z^2}\right)-w\right]d\Omega+$$

$$\oiint_{S}\delta N^{T}N^{T}\left(k_{kx}\frac{\partial H}{\partial x}n_{1}+k_{ky}\frac{\partial H}{\partial y}n_{2}+k_{kz}\frac{\partial H}{\partial z}n_{3}\right)\mathrm{d}S+\iint_{S_{2}}\delta H^{T}N^{T}q\,\mathrm{d}S=0 \tag{3.16}$$

则三维稳定渗流场的有限元控制方程可表示为：

$$\boldsymbol{K}H=F \tag{3.17}$$

式中，$H$ 为水头函数，$\boldsymbol{K}$ 表示单元渗透矩阵，$F$ 为已知条件确定的常数项，分别可表示为式(3.18)所示形式，当结合三维多介质随机场理论进行随机有限元分析时，单元渗透矩阵可由相邻单元节点的渗透系数求得，常数项可由已知边界等条件求得。

$$\begin{aligned}
K_{ij}&=\iiint_{\Omega}\left[K_{x}\frac{\partial N_{i}}{\partial x}\frac{\partial N_{j}}{\partial x}+K_{y}\frac{\partial N_{i}}{\partial y}\frac{\partial N_{j}}{\partial y}+K_{z}\frac{\partial N_{i}}{\partial z}\frac{\partial N_{j}}{\partial z}\right]\mathrm{d}\Omega\quad(i,\ j=1,\ 2,\ \cdots,\ n)\\
F_{i}&=\iiint_{\Omega}N^{T}w\,\mathrm{d}\Omega+\iint_{\Gamma}N^{T}q\,\mathrm{d}\Gamma
\end{aligned} \tag{3.18}$$

由于采用了改进初流量法，在非饱和区域单元内部有 $k_{ij}^{0}=0$，则有 $k_{kx}=k_{ky}=k_{kz}=0$，显然这会使渗透矩阵 $K$ 成为一个奇异矩阵，为了解决这一问题，将非饱和区域初流量项对应的渗透系数项乘以一个系数 $\lambda\rightarrow1$，则非饱和去渗透系数可表示为：

$$\begin{aligned}
k_{kx}&=k_{x}+\lambda(k_{x}^{0}-k_{x})\\
k_{ky}&=k_{y}+\lambda(k_{y}^{0}-k_{y})\\
k_{kz}&=k_{z}+\lambda(k_{z}^{0}-k_{z})
\end{aligned} \tag{3.19}$$

此时渗透矩阵 $\boldsymbol{K}$ 变为非奇异矩阵，通过以上方法进行迭代求解，即可求得水头函数和自由面位置，当前后两次计算所得自由面位置之差小于给定值时，认为此时渗流计算收敛，迭代结束，此时即可得出渗流场内任意点的节点水头值 $H$。各节点沿任意方向上的水力梯度在数值上等于水头函数在该点对该方向的偏导，因此水力梯度可表示为：

$$\begin{aligned}
&J_{x}=\frac{\partial H}{\partial x},\ J_{y}=\frac{\partial H}{\partial y},\ J_{z}=\frac{\partial H}{\partial z}\\
&J=\sqrt{J_{x}^{2}+J_{y}^{2}+J_{z}^{2}}
\end{aligned} \tag{3.20}$$

溢出点是自由面渗流分析中具有特殊意义的点，它既是自由渗流的溢出点，同时又是渗流自由面上的点，因此它可以和渗流自由面上的节点一起迭代计算，通过沿堤防背水坡坡面滑动来调整其位置进行求解，此方法称为沿坡面滑动法，但是溢出点本身具有很强的奇异性，计算时往往会产生很大的误差，从而不能收敛到正确的位置，因此可采用二次曲线相交法来确定。堤防渗流自由面一般可以用二次曲线来描述，当渗流计算迭代收敛时，可在某切面自由面上取与溢出点邻近的三个节点，通过其坐标函数拟合二次曲线，然后通过堤防几何形状求得相同切面上背水坡的直线方程，联立该二次曲线和直线方程，即可求得溢出点的坐标。本章渗流计算时，单元类别采用八节点六面体等参单元，由其形函数的形式可知，在单元边界上，水头函数近似呈线性分布，而自由面上的节点总水头等于其位置水头，孔压恒定为 0，因此通过搜索背水坡坡面上孔压为 0 的点即可求得溢出点高程。

## 3.3 基于三维多介质随机场的堤防随机渗流场求解方法

### 3.3.1 Monte Carlo 随机有限元法和渗透系数随机场

LAS 技术是一种自上而下，由整体到局部的随机场离散方法，在初始阶段，模型为一给定的一维或多维区域，每次计算时，将上一步的模型区域分割为大小相等的子区域，通过多次逐步分割，形成了最终的随机场，所得随机场单元与有限元计算网格有天然的相似性，可将随机场单元一一映射到实体单元中去，因此该方法与有限元法有天然的协调性，易与有限元法相结合进行随机分析。

通常认为渗透系数的随机性在空间上服从对数正态分布，在进行饱和土体渗流分析时，实体单元的渗透系数可通过式(3.21)获得。

$$k_i = \exp(\mu_{\ln k} + \sigma_{\ln k} g_i) \tag{3.21}$$

其中 $k_i$ 为计算模型中第 $i$ 个单元的渗透系数，$g_i$ 为标准高斯分布随机场在第 $i$ 个单元空间上的局部平均，$\mu_{\ln k}$，$\sigma_{\ln k}g$ 为渗透系数对数 $\ln k$ 的均值和标准差，其值可通过式(3.22)求得。

$$\sigma_{\ln k}^2 = \ln\left(1+\frac{\sigma_k^2}{\mu_k^2}\right)$$
$$\mu_{\ln k} = \ln(\mu_k) - \frac{1}{2}\sigma_{\ln k}^2 \tag{3.22}$$

对于服从标准高斯分布的场变量，其相关函数通常采用指数型：

$$\rho(\tau) = \exp\left(-\frac{2}{\theta}\ |\tau|\right) \tag{3.23}$$

通过以上所述方法可得到符合给定概率分布的渗透系数随机场，为下一步有限元分析做好了准备。

将本书第二章提出的基于 LAS 技术的三维多介质随机场模型，与(3.2)节推导的基于变分原理的有限元求解过程相结合，进行确定性有限元分析，采用蒙特卡罗随机有限元分析方法，对上述过程进行多次分析并对结果进行统计，进而得出渗流场溢出点高程、水头、水力梯度等响应量的均值和方差的分布规律。堤防的强变异性问题，主要体现在堤防土体渗透系数的变异系数较大，在三维随机场离散时，可设定变异系数的取值从小到大变化，这样在进行随机分析时，即可反映出变异系数变化时渗流场各响应量的变化规律。同时为了反映随机场法和随机变量法的不同之处，根据二者的不同之处——相关尺度，来分析响应量的变化规律。

### 3.3.2　程序编制

作者基于本章第(3.2)节所述基本理论，在 Compaq Visual Fortran 6.6 编译环境下，将本书第二章所述基于 LAS 技术的三维多介质随机场生成方法和基于变分原理的稳定渗流有限元求解方法相结合，基于蒙特卡罗法计算原理编制了堤防三维随机渗流场计算程序，其流程图如图 3.1 所示。

## 3.4　响应量随变异系数和相关尺度变化规律研究

### 3.4.1　模型尺寸

在南京市石臼湖、固城湖堤防防洪能力提升工程可研阶段——堤防稳定

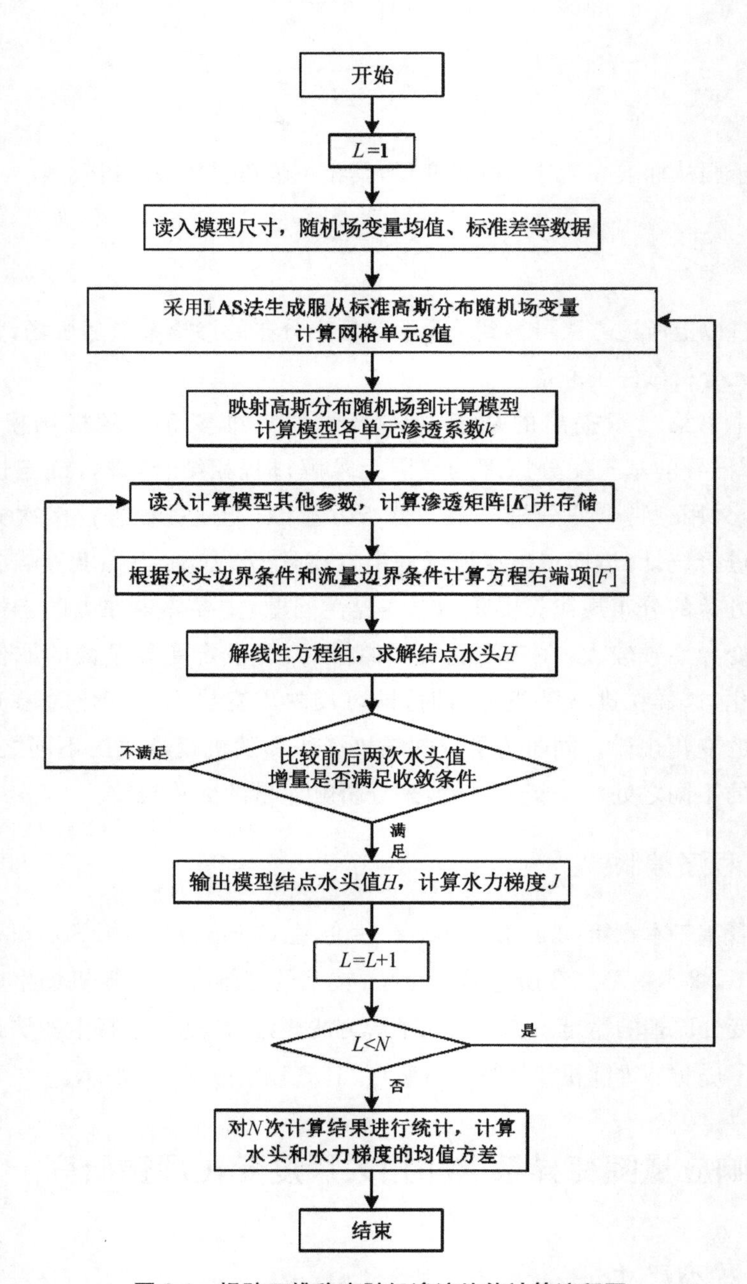


图 3.1　堤防三维稳定随机渗流均值计算流程图

性研究中，选用石臼湖堤防某断面的简化模型，其剖面如图 3.2 所示，沿堤防轴线方向长 36 m，上游水位高程 31 m，下游水位高程取 24 m，堤防 $xz$ 切面堤基宽 144 m，高 24 m，共分为两层，上层为相对较薄的重粉质壤土层，厚 4 m，下层为淤泥质粉细砂层，厚 20 m。堤防底部宽 54 m，高 8 m，堤顶宽 6 m，两侧坡度按照 1∶3 坡度放坡。网格剖分时，考虑各部分的影响程度，对网格尺寸进行了调整，堤身部分网格尺寸为 3×1×3(m)，堤基上层为 3×1×3(m)，堤基下层为 3×3.33×3(m)，共 7 488 个单元，8 983 个节点。网格剖分如图3.3所示。在分析中，考虑土层参数的随机性，将渗透系数视作各向异性非均质的随机场变量，渗透系数场只在各个土层内部具有相关性，不同土层之间相互独立，其渗透系数在 $xyz$ 方向上分别独立。

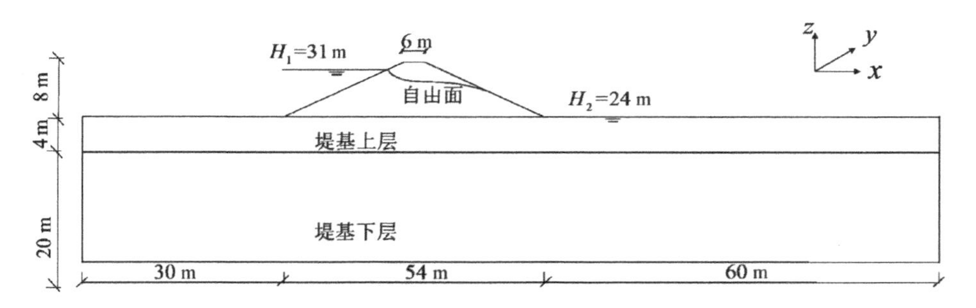


**图 3.2　堤防断面尺度图**

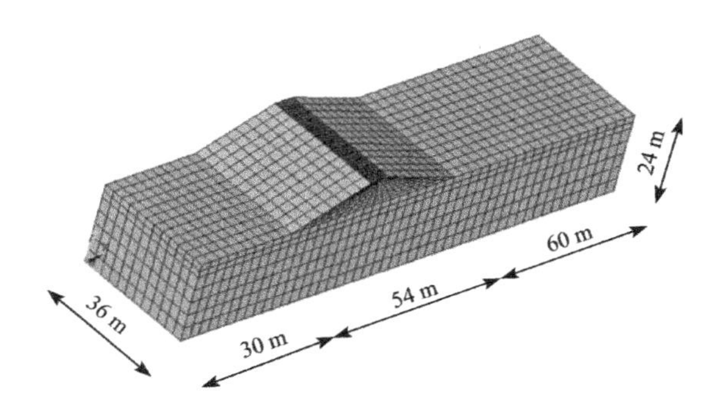


**图 3.3　堤防有限元网格剖分图**

基于三维多介质随机场模型，选定不同的变异系数和相关尺度，对堤基部分两种土层，采用与图 3.2 中相同的几何尺寸离散随机场；对堤身部分，在一个较大的三维区域内生成随机场，最后进行映射组装，生成堤防实体模型的三维多介质随机场模型，如图 3.4 所示。

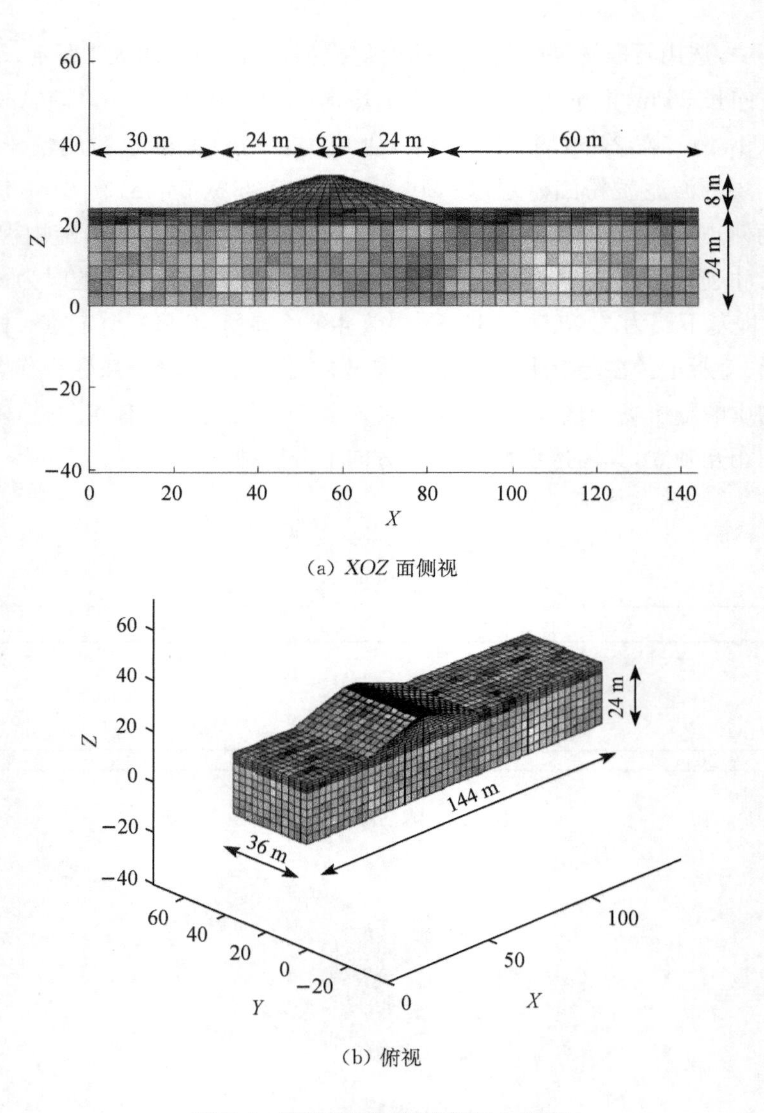


(a) XOZ 面侧视

(b) 俯视

**图 3.4　堤防渗透系数随机场灰度图**

## 3.4.2　渗透系数的确定

在南京市石臼湖、固城湖堤防防洪能力提升工程可研阶段——堤防稳定性研究中，如图 3.5 所示，为了获得各地层渗透系数，本书通过现场钻孔取样法，对同一地层多个试样进行室内渗透试验，将试验测得的平均值与勘测报告提供的渗透系数进行比较分析，最终确定各个地层渗透系数计算值。选取两湖区域 6 个区段总计 6 个断面，在每个断面防渗体内外两侧各一个孔中，各土层取 20 cm 长的原状样。

室内渗透试验共 48 个原状样，每个试样进行 3 次对比测量，共计 144 次测量。室内渗透试验采用南 55 型变水头渗透仪进行测量如图 3.6 所示，测试步骤如下：

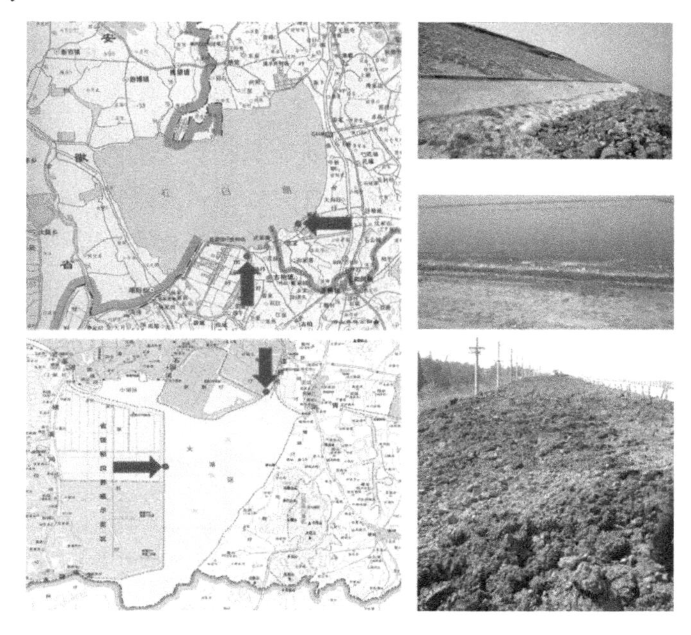


**图 3.5　两湖堤防现场调研位置及照片**

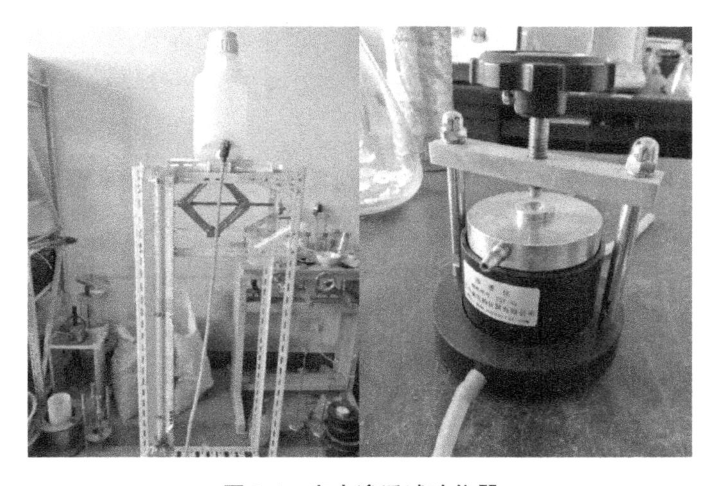

**图 3.6　室内渗透试验仪器**

(1) 环刀取样,抽气饱和,水中养护 24 小时。

(2) 将试样放入渗透仪中,连接水箱,观测并记录玻璃管中的水头的下降过程,同时记录下降时间。

(3) 根据式(3.24)计算试样的渗透系数。

$$k = 2.3 \frac{aL}{A(t_2 - t_1)} \lg \frac{h_1}{h_2} \tag{3.24}$$

(4) 在不同初始水头下,重复步骤(2)和(3)。

(5) 计算多次平行测量结果平均值,确定试样的平均渗透系数。

表 3.1 列出了堤防不同部位渗透系数的取值,每次独立计算时,首先分别根据各土层渗透系数的均值和变异系数及随机场水平和竖直方向的相关长度生成多次渗透系数随机场。

**表 3.1 石臼湖堤防某断面各部位渗透系数取值**

| 土层 | 渗透系数均值(cm/s) | | |
|---|---|---|---|
| | $X$ 向 | $Y$ 向 | $Z$ 向 |
| 堤身 | 3.32E-06 | 3.32E-06 | 6.64E-07 |
| 堤基 1 | 1.81E-06 | 1.81E-06 | 4.525E-07 |
| 堤基 2 | 2.26E-05 | 2.26E-05 | 1.13E-05 |

为了检验生成的渗透系数随机场是否满足对数正态分布,对该次计算生成的随机场进行了统计分析,图 3.7 给出了堤身和堤基渗透系数频度分布图,可以看到,两者均服从正态分布,满足渗透系数的空间分布特性。(a)图中(堤身),对数渗透系数取值范围约为−15.2～−19.7,(b)图中(堤基)对数渗透系数取值范围约为−15.1～−20.9,显然,与堤身渗透系数随机场相比,堤基土层渗透系数随机场取值范围更广泛,究其原因,可能是映射堤身渗透系数时,由于堤身为梯形体,一部分渗透系数并没有参与映射,且由于堤身上部单元较小,可能出现相邻两个单元渗透系数相同的情况。

### 3.4.3 随机计算结果分析

在本分析中,将渗透系数视作随机场变量,考虑堤防具有存在周期长、成层性明显等特性,其土体材料属性具有大变异性,故渗透系数变异系数的取

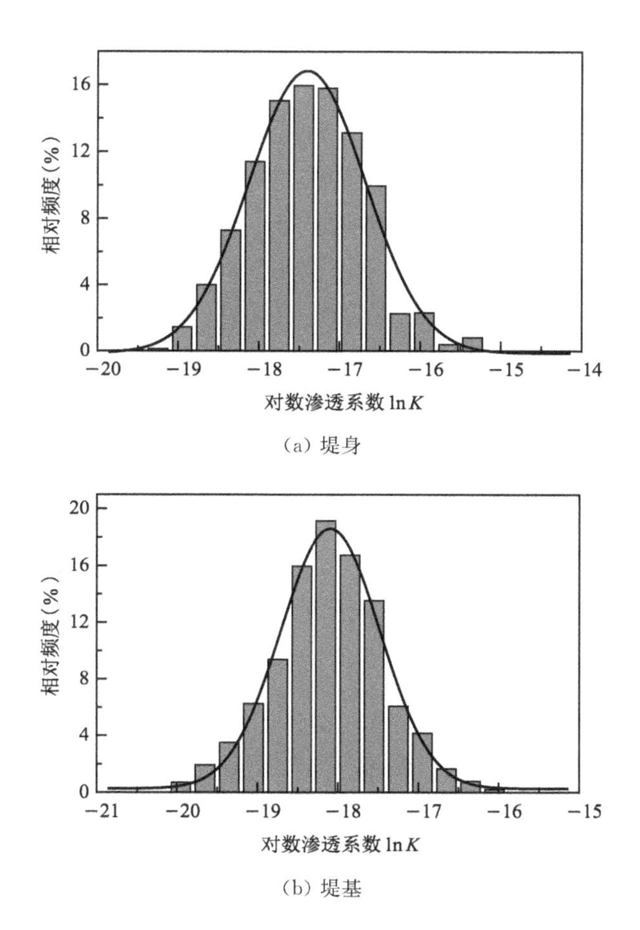


**图 3.7　土层渗透系数随机场频度分布图**

值范围较大，将渗透系数视为服从对数正态分布，变异系数分别取0.1，0.3，0.5，0.7，1.0，2.0，3.0。由于堤防在垂直方向有较为明显的成层特性，且不同土层形成年代相隔较远，导致不同土层之间土体参数相关性较弱，因此固定垂直方向相关尺度 $\theta_z=3$，渗透系数在水平面内的相关尺度为几米到几十米，远大于垂直方向相关尺度[187]，故取水平方向相关尺度为 $\theta_x=\theta_y=3$，6，12，24，36，48。

本章研究的主要目的是获得随机渗流场响应量随变异系数及相关尺度的变化规律，为更好地反应变异系数和相关尺度的影响，分析中常令其由小到大逐渐变化，进而获得随机渗流场响应量随机变化的曲线。实际工程中，堤防某个区段不同土层的变异系数和相关尺度为一定值，可通过试验和数值相结合的方法进行确定,文献[188]详细介绍了求解相关尺度的方法,其中递推空间法及其改进方法、相关函数法及其改进方法是较为常用的方法,可依据实际情况选用。将获得的变异系数和相关尺度实际值代入本章计算所得各条曲线,即可得到对应的随机渗流场响应量。

计算时,采用本章(3.2)节提出的基于三维多介质随机场的堤防随机渗流场求解方法,进行 2 000 次完整的有限元分析,对所得三维渗流场响应量包括溢出点高程、节点总水头均值及其标准差、水力梯度均值及其标准差进行统计分析,得出其在不同的变异系数和相关尺度组合下的分布规律。

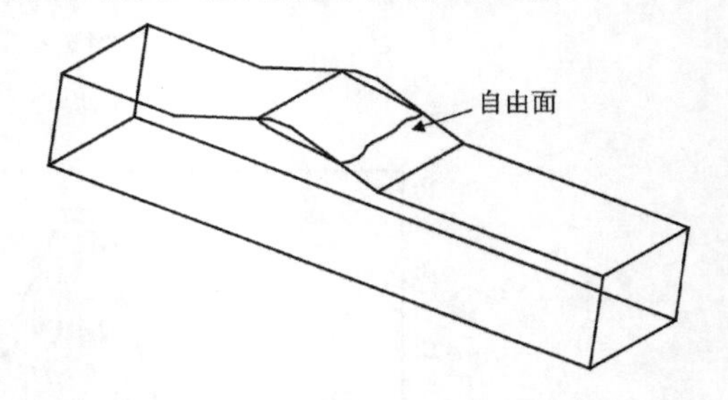


**图 3.8　单次计算所得自由面及溢出点分布图**

图 3.8 为变异系数取 0.3,垂直方向相关尺度取 3 m,水平方向相关尺度取 6 m 时,单次次计算得出的孔压为 0 的面,即自由面。可以看到,由于渗透系数的空间变异性,致使溢出点沿堤轴线方向并非为一直线,而是呈现出上下波动的趋势,这与实际观测情况类似,在堤防不同断面处,溢出面分布和溢出点高程各不相同,因此,在进行堤防渗透特性分析时,考虑渗透系数的空间变异性更能反映实际情况,所得结果具有较强的科学性和可信性,对工程实际具有更好的指导意义。

由图 3.9 可以看出,总水头标准差等值线分布不均匀,这主要是由于堤基 1 渗透系数较小,总水头在此土层内变化较大造成的。曲线斜率在不同材料交界处有明显变化,这符合渗流的一般规律。从迎水坡到背水坡,水头标准差等值线经历了由小到大,然后由大到小的过程,从图中可以看出最小值出现在迎水坡和背水坡附近,最大值出现在整个堤防切面的中间部位。作者认为,出现这种分布规律的原因是由于在计算分析的初始,要分别赋予堤防两侧固定的边界条件,也就是说在上下游边界处,各节点水头的标准差为 0,内部由于渗透系数的变异性导致渗流分析各响应量也呈现不同的变异性。宋会彬[126]采用三维渗流摄动展开随机有限元法和 Monte Carlo 随机有限元法对一个正方体模型自由面渗流问题进行了分析,其分析结果表明,水头标准差在上下游边界趋近于 0,模型内部,从上游边界到下游边界也呈现出由小到大，由大到小的分布规律；同时，他还采用复变量表示渗透系数随机性的方法对堤防模型进行了分析，也得出了类似结果。Griffiths 和 Fenton[76]对有压渗流进行随机有限元分析时，在不同的随机场参数即变异系数和相关尺度下得到了类似的结果。综上所述，可以得出，考虑随机因素的影响，水头标准差在接近模型中心部位取得最大值，并依次向模型两侧(上下水位处)逐渐降低，在模型表面，标准差为 0。

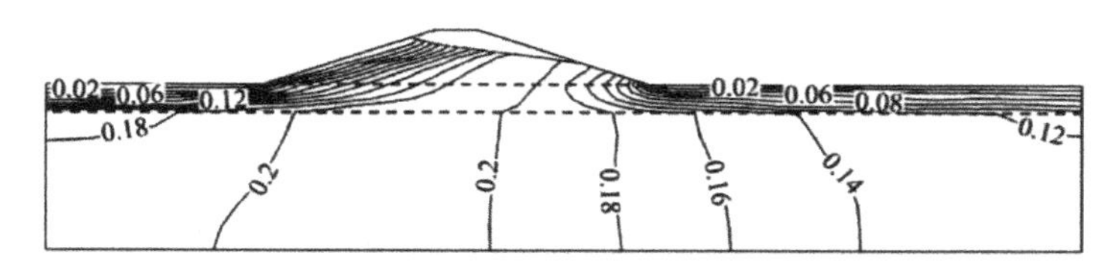


**图 3.9　多次(2 000)计算所得节点总水头标准差等值线图**

由图 3.10 可以看出，水力梯度均值等值线图分布呈现出一定的规律性，在距离迎水坡和背水坡较远处，各条水力梯度等值线接近平行分布，这是由于，在模型的远点，各处的边界条件几乎相同，迎水坡主要渗流方向为由堤基表面沿近似垂直方向向下，背水坡主要渗流方向为由堤基内部高水头处近似垂直向上。水力梯度最大值出现在背水坡溢出点以下和堤脚附近，和确定性方法得到的结果相类似，以往大量学者的研究结果和实践也证明，这些部位也是理论上和实际中的危险部位，因此，这也验证了本书采用的计算方法的正确性。

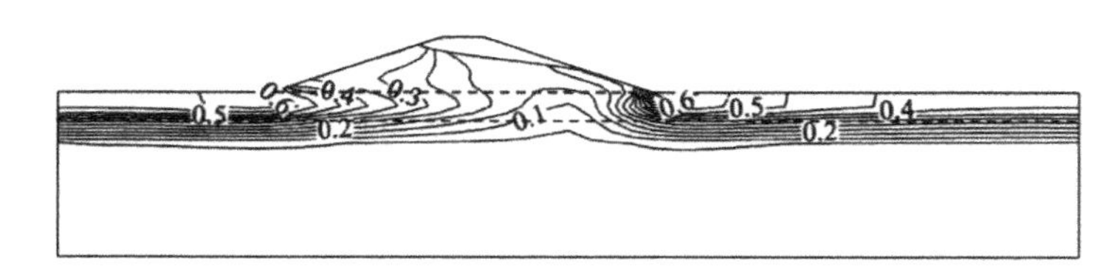


**图 3.10　多次(2 000)计算所得节点水力梯度均值等值线图**

由图 3.10～图 3.11 可以看出，在堤防两侧坡脚附近及堤基 1 中，水头和水力梯度标准差等值线图分布密集，相对应的水头和水力梯度等值线也分布密集，此现象主要是由于堤基 1 土体渗透系数远小于堤基 2，渗流场总水头在渗透系数小的土层内降低速度远高于较大渗透系数土层，同时，由于水力梯度通俗上讲反映了单位长度上水头的变化量，因此此处的水力梯度取值较大，而在渗透系数较大的堤基 2 中，水力梯度的取值较小，这也与渗流场水头值相吻合。

水力梯度标准差等值线图与水力梯度等值线图分布较为相似，水力梯度较大的部位，如堤脚处，标准差相对较大；水力梯度较小处，如模型中远离两侧边坡处，其标准差也较小，在整个模型内部，没有呈现出明显的大小变化规律。作者认为，出现这种现象的原因是由于其定义本身所决定的，标准差是一个绝对量，反映其在数值上偏离均值的大小，而不能反映其偏离均值的程度，在变异系数较为相近的时候，标准差的大小与均值密切相关，较大的均值带来了较大的标准差，而标准差较小也说明了该处水力梯度较小。据此，通过对比图 3.11 中的各等值线图分布规律，也得到了相似的规律。

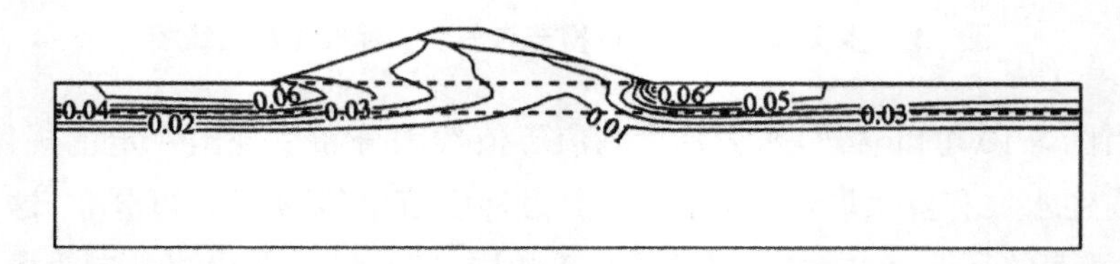


**图 3.11 多次(2 000)计算所得节点水力梯度标准差等值线图**

### 3.4.4 溢出点高程随变异系数及各向异性比变化规律

变异系数是随机场的基本参数之一，变异系数的变化反映了随机场参数的空间变异性发生了变化，进而导致相关响应量也跟着发生改变。本小节计算了渗透系数的变异系数变化时，各渗流场响应量包括溢出点高程、水力梯度、水头的变化规律，渗透系数的变异系数和随机场相关尺度参考(3.4.3)节说明。

图 3.12(a)可以看出在变异系数从 0.1 逐渐增大的过程中，堤防背水坡面上溢出点高程逐步降低，当变异系数 $0.1 \leqslant Cov \leqslant 0.7$ 时，曲线斜率较大，溢出点高程以较快的速率降低；当 $Cov > 0.7$ 时，曲线斜率逐步降低，溢出点高程速率降低；当 $Cov > 2$ 时，其降低速率显著变小。由此，可以得出，在渗透系数均值相同的情况下，溢出点高程与随机场变量的变异系数成反比关系。这主要是因为：1)渗透系数的空间变异性使渗流路径出现曲折，流线变长。当变异系数开始增加时，随机场内渗透系数变异性增大，其取值范围也相应增大，此时单元渗透系数取得较小或较大值的概率增加，由最小势能原理可知，在

渗流路径通过渗透系数差异较大的区域时，渗流的发生总是趋近于避开渗透系数较小的区域而从渗透系数较大的区域流过，此时，渗流场各响应量对比均匀土体出现明显差异，流线开始出现曲折，又因为渗流总是从高水头处向低水头处流动，造成溢出点高程降低。当变异系数进一步增大时，渗透系数取得较小或较大值的概率相应增加，引起溢出点进一步降低。2）渗流在渗透系数较小的区域发生时，渗流通过单位长度时能量损耗增加，水头降低较大，等势面在此处对比均匀介质出现较大的降低，最终造成溢出点位置降低。

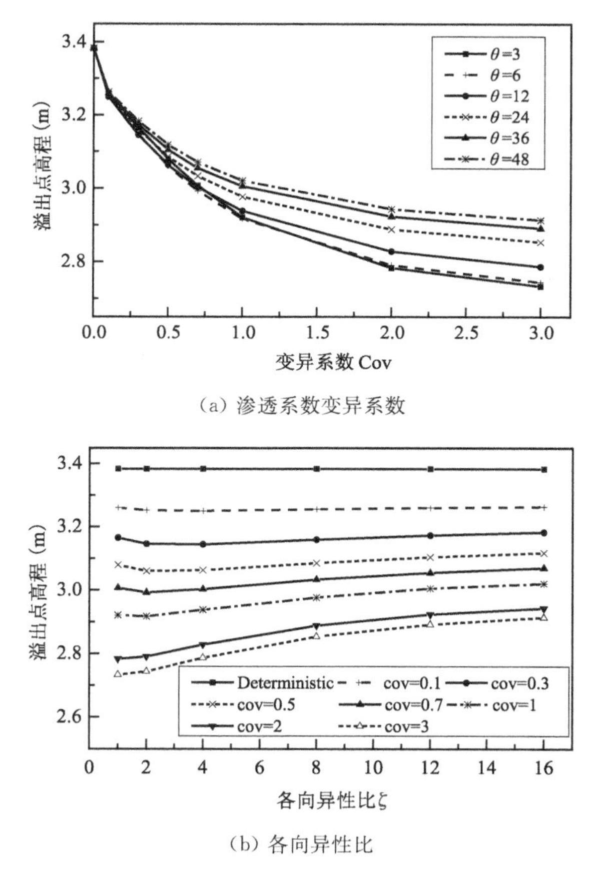


**图 3.12　溢出点高程平均值与变异系数和各向异性比关系曲线**

图中 6 条曲线反映了不同相关尺度下溢出点高程的变化规律，可以看到，相关尺度大的曲线在相关尺度小的曲线上方，即在一般情况下，相关尺度增加，溢出点高程相应升高，相关尺度减小，溢出点高程也相应降低。当变异系数较小时，各相关尺度情况下，溢出点高程相差不大，随着变异系数的增加，不同相关尺度下的溢出点高程差值增大。$\theta_x=3$, 6 时曲线间距很小，这是由于水平方向上相关尺度变化不大所致；当 $\theta_x \geqslant 12$ 时，各曲线间距逐渐减小。这说明了当相关尺度达到一定程度时，其对溢出点位置的影响将逐渐降低，当相关尺度趋近于无穷大时，溢出点高程也将趋近于一个极限值。

图 3.12(b)反映了溢出点高程与各向异性比之间的相互关系，各向异性比是指水平方向相关尺度与垂直方向相关尺度的比值即 $\xi=\theta_h/\theta_v$，其中 $\theta_h$，$\theta_v$ 分别为水平方向和竖直方向相关尺度。可以看到，溢出点高程均值随着相关尺度的增大呈现出轻微的增长趋势，但变化不大。当变异系数较小时，曲线接近一条直线，当变异系数大于 0.7 时，曲线才呈现较为明显的上升趋势。随机场变量变异系数小，土体较为均匀，此时相关尺度影响较为不明显，随着变异系数的增大，土体不均匀程度逐渐增大，较大的相关距离意味着随机场变量在较大的范围内互相关联，导致在此范围内随机场变量呈现出一定的一致性，从一定程度上降低了土体的不均匀性，此时相关尺度对随机场的影响较为明显，反映到溢出点高程上，其与各向异性比的关系曲线呈现出较为明显的上升趋势。

注意到图 3.12(b)中的曲线变化趋势并没有呈现出一致性，当变异系数 Cov≤0.7 时，曲线最低点在各向异性比等于 2 时出现，这说明了在一定的变异系数范围内，溢出点最小值并非出现在各向异性比最小处，而是在相近的一个区间处出现。这个规律对统计溢出点高程有重要的作用，当搜寻最小溢出点高程时，如果根据一般性规律寻找最小各向异性比时的值，得到的结果显示并非最小值，这可能会进一步造成工程上的其他误差并对工程的可行性报告和设计施工等带来不良的影响。

确定性的计算得到的溢出点高程为一个确定值，在图 3.12(b)中，该直线反映了溢出点高程的最大值，变异系数越小，土体情况与确定性情况越近似，相对应的曲线也越接近于确定值，变异系数越大，土体参数分布情况与确定性情况相差越大，相应的曲线也越偏离确定值。

### 3.4.5 水头随变异系数及各向异性比变化规律

在堤防工程实践中，水头在堤身和堤基中的分布情况是解决其他问题的基本出发点，水头分布直接影响各部位水力梯度、各断面流量的分布情况，由于水头分布的重要性，本小节分析了渗透系数变异系数和随机场相关尺度不同分布对模型水头分布的影响。

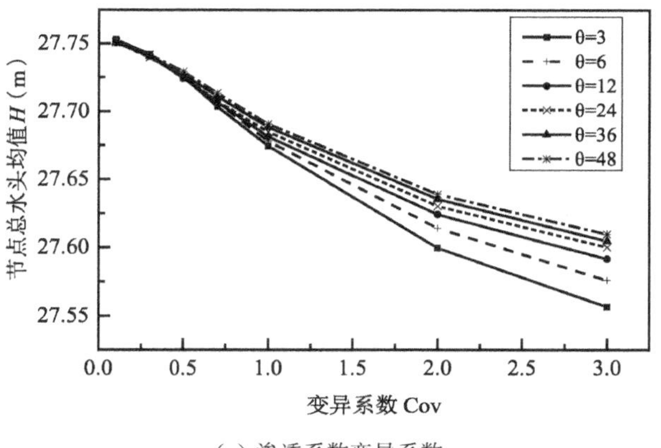


(a) 渗透系数变异系数

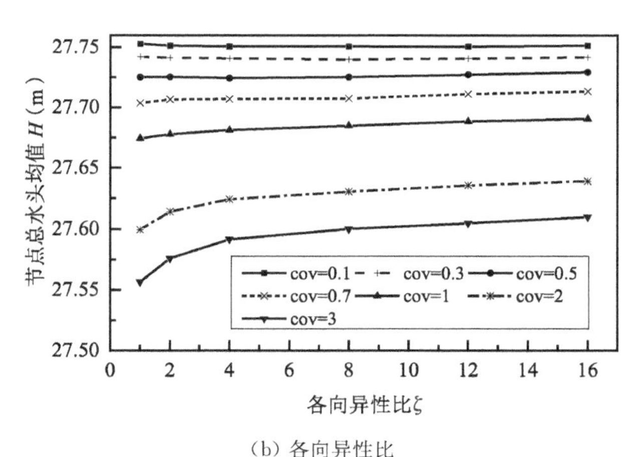


(b) 各向异性比

**图 3.13　节点总水头均值变化曲线**

为了反映整体模型中总水头的取值情况和水头整体分布规律与渗透系数变异系数和随机场相关长度的关系，构造节点水头均值：

$$H=\sum_{i=1}^{n} h_i/n \tag{3.25}$$

式中，$n$ 为模型中总的节点个数，$h_i$ 为多次计算得到的模型中第 $i$ 个节点处的水头均值，$H$ 为模型经多次运算后得出的各节点水头均值的平均值，显然可以看出 $H$ 值的大小反映了模型内节点总水头分布的整体情况，通过

分析 $H$ 与渗透系数变异系数和随机场相关尺度的关系，可以得到模型整体水头分布随两个变量的变化情况。

图 3.13(a)反映了模型内各节点水头均值与渗透系数变异系数之间的相互关系，可以看到，随着变异系数的逐渐增加，节点总水头均值呈现下降的趋势。当 Cov≤0.3，曲线斜率相对较小，此时总水头均值降低较慢；当 0.3＜Cov≤2 时，曲线斜率较大，相应的总水头均值降低的速率较大；当 Cov＞2 时，曲线斜率逐渐降低，同理，总水头均值降低速率也逐渐变缓。由 $H$ 的定义可知，当 $H$ 较大时，模型内整体水头分布处于较高水准，由于进行溢出点迭代计算时，溢出点的位置与节点水头值密切相关，这意味着，在较高的节点水头均值情况下，溢出点位置也会相应地处于较高位置，而节点水头均值取较小的值时，溢出点位置也会出现在背水坡较低的位置。

为了验证分析结果的正确性，对照 3.4.4 小节的溢出点高程分析，由图 3.12 可以看到，随着变异系数的增大，溢出点高程逐渐降低，这与本小节的分析完全一致。同样地，图 3.12 中的曲线斜率在 0.1≤Cov≤2 时较大，溢出点高程降低较快；当 Cov＞2 时，斜率较小，溢出点降低速率较慢，这点也可以从对图 3.13(a)的曲线分析中得出相似的结果，这也验证了本分析的正确性。

图 3.13(b)反映了模型内各节点水头均值与随机场各向异性比之间的相互关系，当变异系数较小时，节点水头均值 $H$ 随着各向异性比的增大几乎不发生变化，几乎与 $x$ 轴平行；当变异系数较大时，$H$ 值随着各向异性比的增大呈现出较为明显的增大，当 $1 \leqslant \zeta \leqslant 4$ 时，$H$ 值增速较快，当 $\zeta > 4$ 时，$H$ 值增速明显降低。总的来说，其曲线形状近似于指数在(0,1)区间的幂函数形式，这意味着当各向异性比达到一定程度时(较大时)，可以不求水平方向相关长度的精确值来进行计算，可以用 $\zeta = \infty$ 来求得相关问题的近似解答。由于节点水头均值 $H$ 分布在一定程度上可以反映溢出点高程的分布规律，由此可以推出，当变异系数较小时，溢出点高程随随机场各向异性比的增加变化不大；当变异系数较大时，溢出点高程随各向异性比的变化有明显的变化，高程增加速率出现先快后慢的规律。对比图 3.12(b)可以看到，节点水头均值 $H$ 随各向异性比变化规律推导出的溢出点高程变化规律与前一小节得到的规律相似。

宋会彬[126]研究了堤防的随机渗流问题，算例中堤防土体变异系数取值范围为 0.1～0.7，土体各向异性比取值范围为 1～5。算例以模型中多个控制点的水头为研究对象，通过分析可知，当变异系数较小时，渗流场主要受变异系数的影响，当变异系数逐渐增大时，各向异性比对随机场的影响逐渐显现。

许多学者在对渗流问题进行随机分析时，给出了不同情况下的水头标准差等值线图，盛金昌、速宝玉等[123, 124]基于等效连续模型，应用泰勒展开随机有限元法对裂隙岩体的渗流场特性进行了分析，假设岩基为均匀材料，给出了相对应的渗流场标准差分布等值线图，文中指出，如果把岩基渗透系数视为一个随机场，将得到不同的分布规律。宋会彬针对矩形模型，采用蒙特卡罗法和摄动随机有限元法对自由面渗流问题进行了分析，并分别给出了水头标准差等值线图，在其他算例中，在随机场相关尺度为定值的情况下，分析了不同变异系数对模型中水头标准差最大值的影响，结果表明，两者之间成正比关系。当各向异性比分别取 $\zeta=1,\ 2,\ 5$ 时，宋会彬采用列表的形式给出了模型控制点处的水头标准差取值，本书作者通过对宋会彬文章中多列数据进行分析发现，随着各向异性比的增大，控制点处水头标准差出现明显的增大现象。王飞[1]采用蒙特卡罗法和一阶泰勒展开随机有限元法对堤防问题进行了分析，假设随机场在水平和竖直方向上的相关尺度为一个定值，渗透系数变异系数取一系列从小到大的值，最后给出了模型中水头标准差最大值与渗透系数变异系数的相互关系曲线，结果表明，水头标准差最大值与渗透系数成正相关。Griffiths 等[76]考虑土体渗透系数的空间变异性，基于 LAS 随机场生成技术，采用 Monte Carlo 随机有限元法对蓄水结构下的土体渗流特性进行了分析，在随机场相关长度分别取 $\theta=1,\ 8\,\mathrm{m}$ 时，给出了对应的水头等值线图和水头标准差等值线图，结果表明，不同相关尺度下，水头标准差等值线图和水头等值线图分布规律较为相似，$\theta=8\ \mathrm{m}$ 时水头标准差取值比 $\theta=1\ \mathrm{m}$ 时大。然而在进行分析时，水头标准差最大值反映的是标准差在模型局部的取值情况，其值并不能用来分析整个模型的水头标准差大小情况，为了反映模型整体节点水头标准差的分布情况，构造变量：

$$\bar{\sigma}=\frac{\sum_{i=1}^{n}\sigma_i}{n} \tag{3.26}$$

式中 $\sigma_i$ 为若干次计算得到的模型中第 $i$ 个节点的标准差，$n$ 为模型中总的节点个数，$\bar{\sigma}$ 指模型中所有节点总水头标准差的均值，显然可以看出，变量

$\bar{\sigma}$ 反映了模型整体的水头标准差水平。

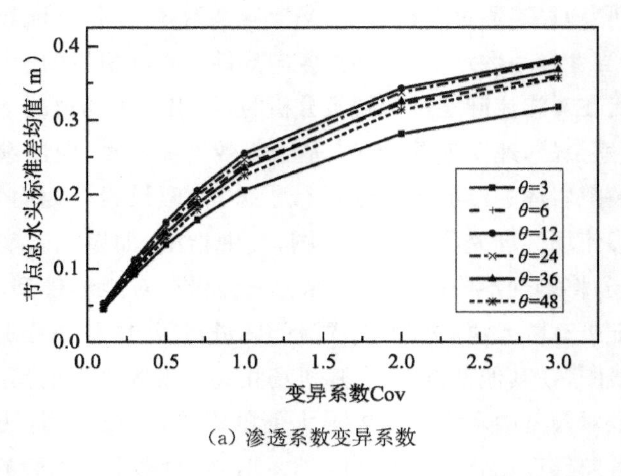


(a) 渗透系数变异系数

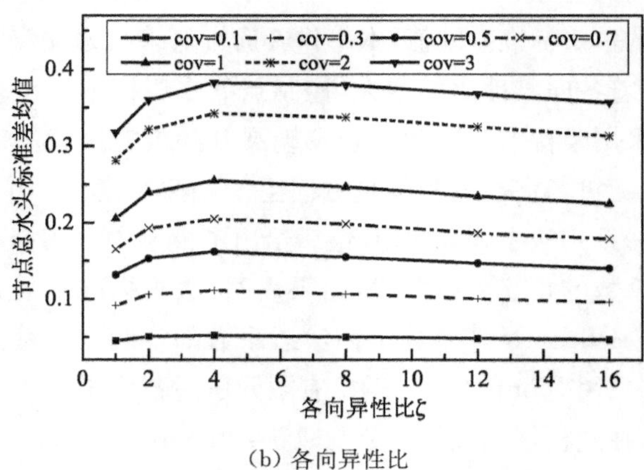


(b) 各向异性比

**图 3.14 节点总水头标准差均值变化曲线**

图 3.14(a)为节点总水头标准差均值随渗透系数变异系数的变化曲线，可以看到，随着渗透系数变异系数的增大，总水头标准差均值呈现增大趋势，这与王飞、宋会彬等人的分析相类似，且曲线斜率前高后低，反映了 $\bar{\sigma}$ 的变化率是一个从大到小的过程。其原因是，渗透系数的变异系数增大，在模型中表现为土体不均匀程度增加，统计意义上的标准差正是由于土体材料的非均质性所产生的，对同一变量来说，土体越不均匀，相关的标准差越大。$\bar{\sigma}$ 变化率前快后慢说明了，在变异系数较小时，$\bar{\sigma}$ 值相对变异系数较为敏感，随着变异系数的逐渐增大，$\bar{\sigma}$ 对其的敏感性逐渐降低。数值分析结果和理论分析规

律相一致，也说明了本计算方法的正确性。注意到各条曲线中所代表的水平方向相关长度的顺序与图例中显示的顺序并不一致，说明在特定水平方向相关长度下，节点总水头标准差均值的大小并不呈现一致性的规律。

图 3.14(b)为节点总水头标准差均值随随机场各向异性比的变化曲线，各条曲线都呈现出明显的先增大，再减小的趋势。图中可以看出最大的 $\bar{\sigma}$ 值基本都出现在 $\zeta=4$ 处(此处根据计算时采取的各向异性比取值密度，最大值可能并非出现在 $\zeta=4$ 处，而是出现在 $3\leqslant\zeta\leqslant5$ 的区间内)，当 $\zeta\leqslant4$ 时，节点总水头标准差均值随着各向异性比的增加而增大，而当 $\zeta>4$ 时，水头标准差均值随着各向异性比的增大而减小，这与 Fenton[77, 79]，Griffiths[76, 82] 和 Ahmed[99] 的研究结果相类似，并有文献[100]提到可通过观测手段发现各向同性均值的土体中存在近似的现象。

在国内的研究中，宋会彬采用随机有限元的方法对堤防模型内多个控制点的水头和其标准差进行了分析，得出在各向异性比 $1\leqslant\zeta\leqslant5$ 时，各控制点水头标准差随着各向异性比的增大而增大，并未出现减小的趋势，这似乎与本书的研究成果相悖，作者认为，其原因有两点：1)在对水头标准差进行分析时，其他学者多是对标准差与变异系数的相互关系进行研究，在分析其余各向异性比的原因时，各向异性比取值过少，例如取 $1\leqslant\zeta\leqslant5$，或者选定几个相关长度进行分析，此时，节点水头标准差还处于随着各向异性比上升阶段，故得出先前得出的结论。2)当土体为均质时，所进行的计算为确定性计算，结果唯一且不变，随着随机场变量变异系数的增大，各渗流响应量结果出现偏差并逐渐偏离均值，此时标准差也逐渐增大，而各向异性比的进一步增加能从一定程度上缩减土体的不均匀程度，进而降低某响应量的标准差。因此本书作者认为本小节的分析结果是正确的。

此结论对工程实践有重要的指导意义，在其他因素不变的情况下，过大的标准差有可能导致问题的失稳概率增加，结合堤防的特点，沿河湖而建，长度少则几千米，多则几十上百千米，而剖面尺寸经常在较长的空间内不发生大的改变，因此分析问题时，应该搜寻标准差最大的区域进行分析设计，才能保证堤防工程最大的安全性。

### 3.4.6 水力梯度随变异系数及各向异性比变化规律

钱家欢 1996 认为[174]渗流引起的稳定问题一般可以归结为两类：一类

是土体的局部稳定问题，这是由于渗透水流将土体中的细颗粒冲出、带走或局部土体产生移动，导致土体变形引起的，这类问题常称为渗透变形问题；另一类是整体稳定问题，这是在渗流作用下，整个土体发生滑动或坍塌，岸坡或土坝在水位降落时引起的滑动是这类破坏的典型事例。管涌或流土是堤防常见的破坏形式，在分析相关问题时，往往从水力梯度出发，并根据各点水力梯度与临界水力梯度 $i_{cr}$ 的相互关系来判断堤防是否发生破坏。

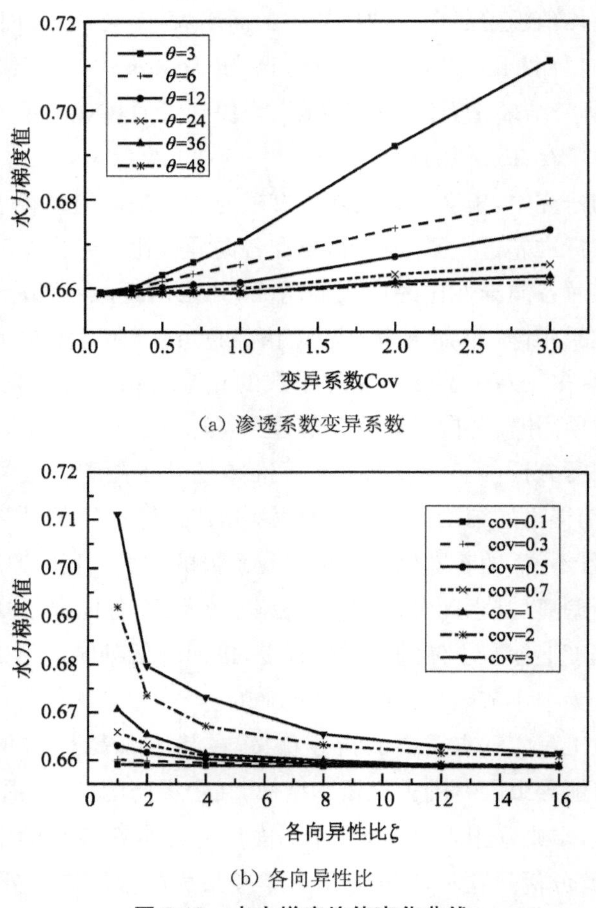


(a) 渗透系数变异系数



(b) 各向异性比

**图 3.15　水力梯度均值变化曲线**

图 3.15(a)给出了模型背水坡坡脚处水力梯度值与渗透系数变异系数之间的相互关系。总体来说，节点水力梯度值与渗透系数成正比关系，当 Cov≤0.3 时，水力梯度随变异系数的变化较慢；当 Cov>0.3 时，水力梯度的

变化速率有所提升，这是由于变异系数较小时，堤防土体相对均匀，此时各部位水力梯度与确定解相差不大，随着变异系数的增加，各单元渗透系数差异性提高，在渗透系数较大的单元内，由于土体挡水作用不明显，水力梯度明显较小，而在渗透系数较小的单元内，水力梯度则明显增大。注意到水平方向相关尺度越大，水力梯度值增幅越小，曲线越靠下，而相关尺度取最小值时，水力梯度增幅最大，由此可以看出，相关尺度影响渗透系数的分布规律进而对水力梯度的分布产生了影响。

由图 3.15(b)可以看出，当 Cov≥1 时水力梯度值相对各向异性比的曲线类似双曲线形式，在 $\zeta \leqslant 2$ 时，曲线急剧下降，而 $\zeta > 2$ 时，曲线相对平缓，这说明了，变异系数较大时，较小的各向异性比就对水力梯度产生了较大的影响，使其值迅速降低，随着各向异性比的增大，水力梯度值降低速度变得缓慢。当 Cov<1 时，曲线和坐标轴近似平行，这说明变异系数较小时，各向异性比对水力梯度值的影响甚微。通过以上分析可以看出，变异系数对水力梯度值的影响在其整个变化区间内处于线性增长关系，而各向异性比则在较小时对水力梯度影响较大，随着其逐渐增加，对水力梯度的影响迅速降低。分析其原因，作者认为，当各向异性比增大时，会使土体在水平方向形成一个较为均匀的渗透通道，此时，当渗流路径通过该通道时，相对均匀的渗流通道使由于渗透系数不均匀引起的水力梯度值迅速降低，随着各向异性比的进一步增大，由于已经开始形成了水平方向渗流通道，水力梯度的变化将趋于缓慢。

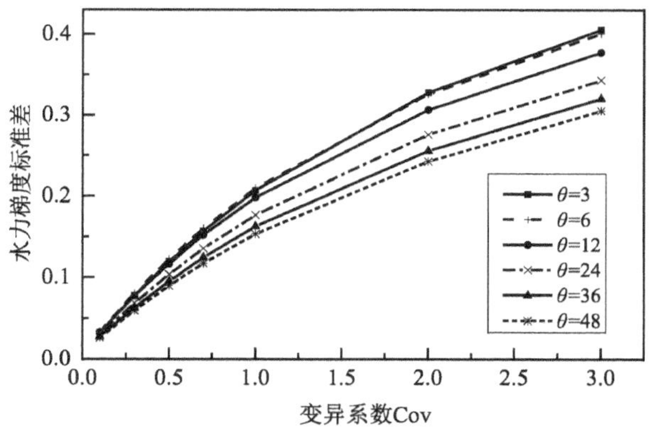


(a) 渗透系数变异系数

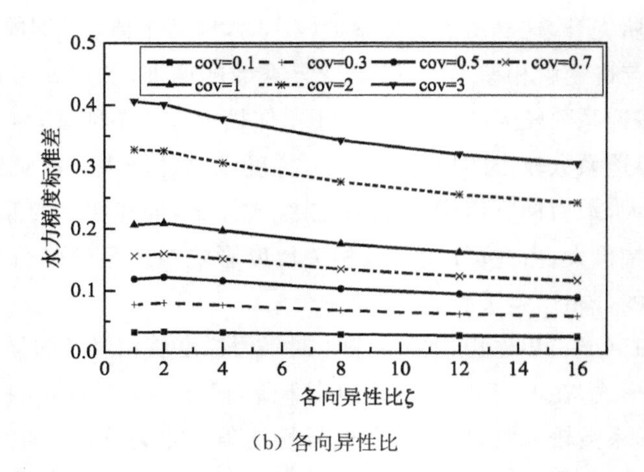


(b) 各向异性比

**图 3.16 水力梯度标准差变化曲线**

图 3.16(a)显示了水力梯度标准差与变异系数之间的相互关系。当变异系数等 0.1 时,标准差接近于 0,而随着变异系数的逐渐增大,标准差呈现出迅速增大趋势,且当 Cov≤1 时,曲线基本为一直线,变异系数进一步增大时,曲线斜率逐渐降低,意味着标准差最大值的增速有所降低。这与其他学者的研究相类似,王飞[1]对堤防的三维随机渗流特性进行了研究,算例中,将土体视为各向异性非均质土体,各土层主方向上渗透系数视为独立的各向同性平稳随机场,变异系数取值为 0~4,竖直方向相关尺度取 3 m,水平方向相关尺度取值为 50 m,其结果表明,水头标准差最大值和水力梯度标准差均与变异系数成线性增长关系。两者分析结果的相似性,也说明了本分析的正确性。注意到,相关尺度较小时,对应的曲线处于图形上方,曲线位置随着相关尺度的增大而逐次降低,这是由于相关尺度取大值时,对应土体在更大的空间内处于强关联状态,此时渗透系数随机场区域在该区域内趋向于均匀,进而使水力梯度的标准差降低。

图 3.16(b)显示了水力梯度标准差与各向异性比之间的相互关系,可以看到当 Cov≥1 时,水力梯度标准差随着各向异性比的增大而逐渐降低,但降低幅度并不明显,且变异系数较小时,标准差曲线基本为一条平行于 $x$ 轴的直线,此时标准差降低减小幅度更低,说明了水力梯度标准差对各向异性比的变化不敏感。当 0.1≤Cov≤0.7 时,曲线轻微的先增大,后减小趋势,且在 $\zeta=2$ 处出现最大值(由于各向异性比取值问题,标准差最大值可能出现在 $\zeta=$

2 附近)。综上所述,变异系数对水力梯度标准差的影响在整个取值区间内处于线性增长关系,标准差随着变异系数变化出现特别明显的变化,而各向异性比只在变异系数较大时对标准差的影响较大,因此,在实际工程中,或者搜索危险断面时,应着重考虑变异系数对渗透系数标准差的影响,而各向异性比则应在必要时进行考虑。

## 3.5　本章小结

本章重点介绍了基于三维多介质随机场的堤防随机渗流场求解方法:1)基于 LAS 技术生成三维多介质随机场;2)基于有自由面渗流的改进初流量法和变分原理推导了三维自由面渗流的有限元控制方程,通过求解控制方程,得到单次分析确定解。3)结合蒙特卡罗法进行多次确定性分析并对结果进行统计,得到随机渗流场溢出点高程、节点总水头均值及标准差、水力梯度均值及标准差的统计值,由于相关尺度的影响是随机场法区别于随机变量法的主要特点,因此对不同变异系数及相关尺度组合下渗流场响应量的变化规律进行了分析。

(1) 将渗透系数视为服从对数正态分布的空间三维平稳随机场对堤防问题进行了分析,其中上下游水位固定,变异系数分别取 Cov=0.1, 0.3, 0.5, 0.7, 1, 2, 3,竖直方向相关尺度为 3 m,水平方向相关尺度相等且取值为 $\theta$=3 m, 6 m, 12 m, 24 m, 36 m, 48 m。计算结果表明:1)变异系数较小时和大变异系数相比较,渗流场各响应量变化速率不同,计算结果相差较大;2)大变异系数时,各向异性比对结果影响明显,变异系数较小时,各向异性比对结果几乎没有影响;3)各向异性比超过一定值时,对随机场的影响逐步减弱,此时,各响应量变化不大,对具体场地可令 $\xi \to +\infty$ 代替各向异性比较大时的计算结果。

(2) 确定性分析所得溢出点最高,溢出点高程随着变异系数的增大而显著降低,这是由于渗流总是由高水位向低水位发生,并且呈现出绕过渗透系数较小的单元,而从周围渗透系数较大的单元流过的趋势。变异系数较小时,相关尺度对溢出点影响不大,变异系数较大时,随着水平方向相关尺度的增大,溢出点高程呈现出一定的增加趋势,这是由于较大的相关尺度使渗透系数在水平方向较大的范围内处于强关联状态,在一定程度上降低了渗透系数的不均匀性。

(3) 节点水头均值随着变异系数的增加呈现明显的降低趋势，这与溢出点高程相类似，水头均值较高，相应的溢出点高程也较高，水头均值降低，溢出点高程也相应降低。当变异系数较小时，水头均值随各向异性比的变化不明显，曲线近似水平的直线，此时，其相对各向异性比不敏感；当变异系数较大时，水头均值随各向异性比的增大而增大。

(4) 水力梯度值随着变异系数的增大呈现明显的增大现象，其原因是，变异系数增大，溢出点高程降低，此时，对于堤防两端相同的水头差来说，对应的渗流路径变短，由水力梯度定义可知，此时水力梯度值增加。同时水力梯度值随着各向异性比的增加呈现明显的降低趋势，且在各向异性比较小时，水力梯度值迅速降低，此后随着各向异性比增大，降低趋势逐渐变缓。

(5) 渗流场各响应量标准差均随着变异系数的增大而增大；变异系数较小时，相关尺度对响应量标准差影响不明显，而变异系数较大时，相关尺度对其影响较为明显，但其随相关尺度的变化规律则呈现出不一致性，其中，节点总水头标准差均值随着相关尺度的增大呈现出先增大后减小的趋势。

# 第四章

# 考虑强变异性的堤防三维非稳定随机渗流场分析

## 4.1 引言

本书第三章采用基于 LAS 技术的三维多介质随机场与蒙特卡罗随机有限元法相结合的方法对堤防三维稳定渗流进行了随机有限元分析，并对渗流场响应量与变异系数和相关尺度的相互关系进行了探讨，得出了一些结论。但在实际工程中，堤防渗流往往是非稳定的、特别的，当遇到强降雨或汛期时，堤防水位变动迅速，稳定渗流得出的相关结论已不再适合实际情况，此时需要从非稳定渗流的角度对堤防进行分析。

在非稳定渗流过程中，渗流场是不断变化的，因此自由面也在不断地变化，所以自由面作为边界条件不再是零流量边界，而是具有一定边界流量的边界。因此，本章结合三维非稳定渗流的定解问题和变分原理，推导了三维非稳定渗流场的随机有限元控制方程；基于高等数学中的积分变换原理，将对自由面边界的曲面积分转换为对曲面在自由面边界单元局部坐标系中的投影平面的积分；对时间项的求导采用有限差分的方法进行了求解。

在具体分析时我们只考虑渗透系数的随机性，将渗透系数处理为空间平稳随机场，利用 LAS 技术对渗透系数进行离散，形成三维多介质渗透系数随机场，采用确定性有限元分析方法完成单次计算，通过 Monte Carlo 随机有限元法，在不同的变异系数和时间节点组合下，对汛期堤防水位迅速上升和下降时渗流场响应量变化规律进行了分析。

## 4.2 基于变分原理的三维非稳定渗流场有限元解答

### 4.2.1 基于变分原理的三维非稳定渗流场控制方程

理论上说，堤防三维非稳定渗流属于自由面渗流的一个分支，因此，在搜索自由面时，仍采用改进初流量法进行分析，其基本理论在本书第三章中已有表述，参考第三章中采用的张量符号，令 $k_x=k_{xx}$，$k_y=k_{yy}$，$k_z=k_{zz}$，则三维各向异性非均质非稳定渗流的基本方程可表示为：

$$\frac{\partial}{\partial x}\left(k_x\frac{\partial H}{\partial x}\right)+\frac{\partial}{\partial y}\left(k_y\frac{\partial H}{\partial y}\right)+\frac{\partial}{\partial z}\left(k_z\frac{\partial H}{\partial z}\right)+w=S_s\frac{\partial H}{\partial t} \tag{4.1}$$

其中，$H=H(x, y, z, t)$ 为求解域内各点的水头函数，$k_x$，$k_y$，$k_z$ 分别为三个方向渗透系数，$w$ 为蒸发或者入渗补给；$S_s=\rho g(\alpha+n\beta)$，为单位储存量，即单位体积的饱和土体内，当下降 1 个单位水头时，由于土体压缩 ($\rho g\alpha$) 和水的膨胀 ($\rho g n\beta$) 所释放出来的贮存水量[189]。

应满足的定解条件如下：

初始条件：

$$H(x, y, z, t)\mid_{t=0}=h_0(x, y, z, t_0) \quad (x, y, z)\in\Omega \tag{4.2}$$

边界条件：

$$H(x, y, z, t)\mid_t=h_0(x, y, z, t)\mid\Gamma_1 \tag{4.3}$$

$$K_x\frac{\partial H}{\partial x}\cos(n, x)+K_y\frac{\partial H}{\partial y}\cos(n, y)+K_z\frac{\partial H}{\partial z}\cos(n, z)\bigg|\Gamma_2=-q_n \tag{4.4}$$

其中，式(4.3)为第一类边界条件，即定水头边界条件，式(4.4)为第二类边界条件，即流量边界条件。当边界为溢出面边界时，边界面需要同时满足两个条件：$H=z$ 和 $q_n\leqslant 0$；当边界为不透水边界时有 $q_n=0$；当边界为不透水边界时，其数值等于自由面单元的流量补充。

由变分原理可知，公式所述定解问题等于求解下述泛函的最小值：

$$I(H)=\iiint_{\Omega}\left\{\frac{1}{2}\left[k_x\left(\frac{\partial H}{\partial x}\right)^2+k_y\left(\frac{\partial H}{\partial y}\right)^2+k_z\left(\frac{\partial H}{\partial z}\right)^2+S_s h\frac{\partial H}{\partial t}\right]\right\}\mathrm{d}x\mathrm{d}y\mathrm{d}z+\iint_{\Gamma}qh\,\mathrm{d}\Gamma \tag{4.5}$$

剖分后，模型区域 Ω 由若干个单元组成，相应地，渗流场也可表示为各单元之和，边界 Γ 则可由一些特定的直线构成，于是，上式泛函的表达形式可以分解为若干单元的泛函之和，方便起见，以 $I^e$ 表示单元 $e$ 上的泛函：

$$I^e = \iiint_{\Omega^e} \left\{ \frac{1}{2} \left[ k_x \left( \frac{\partial H}{\partial x} \right)^2 + k_y \left( \frac{\partial H}{\partial y} \right)^2 + k_z \left( \frac{\partial H}{\partial z} \right)^2 + S_s h \frac{\partial H}{\partial t} \right] \right\} \mathrm{d}x \mathrm{d}y \mathrm{d}z + \iint_{\Gamma^e} qh \, \mathrm{d}\Gamma = I_1^e + I_2^e + I_3^e \tag{4.6}$$

式中 $I_1^e$，$I_2^e$，$I_3^e$ 分别表示由水的连续性方程、单位贮水量和自由面变化时相关单元流入或流出的流量所引起的单元泛函部分。

由于本章节采用八节点等参元对模型进行了剖分，以下均按照八节点等参元为例对具体求解过程进行详细推导。水头函数可以表示为：

$$H = \sum_{i=1}^{8} N_i(\xi, \eta, \zeta) h_i = [N](h)^e \tag{4.7}$$

式中 $N_i$ 为等参元的形函数，其表达式为：

$$N_i(\xi, \eta, \zeta) = \frac{1}{8}(1 + \xi_i \xi)(1 + \eta_i \eta)(1 + \zeta_i \zeta) \quad (i = 1, 2, \cdots, 8) \tag{4.8}$$

根据形函数定义，各点坐标转换公式为：

$$x = \sum_{i=1}^{8} N_i(\xi, \eta, \zeta) x_i \quad y = \sum_{i=1}^{8} N_i(\xi, \eta, \zeta) y_i \tag{4.9}$$

对水头函数在整体坐标系主轴方向求偏导可得：

$$\left\{ \frac{\partial H}{\partial x} \quad \frac{\partial H}{\partial y} \quad \frac{\partial H}{\partial z} \right\}^{\mathrm{T}} = [B](h)^e \tag{4.10}$$

$$[B] = \begin{bmatrix} \frac{\partial N_1}{\partial x} & \frac{\partial N_2}{\partial x} & \cdots & \frac{\partial N_8}{\partial x} \\ \frac{\partial N_1}{\partial y} & \frac{\partial N_2}{\partial y} & \cdots & \frac{\partial N_8}{\partial y} \\ \frac{\partial N_1}{\partial z} & \frac{\partial N_2}{\partial z} & \cdots & \frac{\partial N_8}{\partial z} \end{bmatrix} = [J]^{-1} \begin{bmatrix} \frac{\partial N_1}{\partial \xi} & \frac{\partial N_2}{\partial \xi} & \cdots & \frac{\partial N_8}{\partial \xi} \\ \frac{\partial N_1}{\partial \eta} & \frac{\partial N_2}{\partial \eta} & \cdots & \frac{\partial N_8}{\partial \eta} \\ \frac{\partial N_1}{\partial \zeta} & \frac{\partial N_2}{\partial \zeta} & \cdots & \frac{\partial N_8}{\partial \zeta} \end{bmatrix} = \begin{bmatrix} B_1 \\ B_2 \\ B_3 \end{bmatrix} \tag{4.11}$$

式中：

$$[J]=\begin{bmatrix}\frac{\partial x}{\partial \xi} & \frac{\partial y}{\partial \xi} & \frac{\partial z}{\partial \xi}\\ \frac{\partial x}{\partial \eta} & \frac{\partial y}{\partial \eta} & \frac{\partial z}{\partial \eta}\\ \frac{\partial x}{\partial \zeta} & \frac{\partial y}{\partial \zeta} & \frac{\partial z}{\partial \zeta}\end{bmatrix}=\begin{bmatrix}\sum_{i=1}^{8}\frac{\partial N_i}{\partial \xi}x_i & \sum_{i=1}^{8}\frac{\partial N_i}{\partial \xi}y_i & \sum_{i=1}^{8}\frac{\partial N_i}{\partial \xi}z_i\\ \sum_{i=1}^{8}\frac{\partial N_i}{\partial \eta}x_i & \sum_{i=1}^{8}\frac{\partial N_i}{\partial \eta}y_i & \sum_{i=1}^{8}\frac{\partial N_i}{\partial \eta}z_i\\ \sum_{i=1}^{8}\frac{\partial N_i}{\partial \zeta}x_i & \sum_{i=1}^{8}\frac{\partial N_i}{\partial \zeta}y_i & \sum_{i=1}^{8}\frac{\partial N_i}{\partial \zeta}z_i\end{bmatrix} \tag{4.12}$$

式中第一项，对由水的连续性方程引起的单元泛函部分 $I_1^e$ 求偏导可得：

$$\frac{\partial I_1^e}{\partial (h)^e}=\frac{\partial}{\partial (h)^e}\iiint_e \frac{1}{2}\left[k_x\left(\frac{\partial H}{\partial x}\right)^2+k_y\left(\frac{\partial H}{\partial y}\right)^2+k_z\left(\frac{\partial H}{\partial z}\right)^2\right]\mathrm{d}x\mathrm{d}y\mathrm{d}z \tag{4.13}$$

将公式(4.10)代入(4.13)可得：

$$\begin{aligned}\frac{\partial I_1^e}{\partial (h)^e}&=\frac{\partial}{\partial (h)^e}\iiint_e \frac{1}{2}[k_x^2([B_1](h)^e)^2+k_y([B_2](h)^e)^2+k_z([B_3](h)^e)^2]\mathrm{d}x\mathrm{d}y\mathrm{d}z\\ &=\iiint_e([B_1]k_x[B_1]^{\mathrm{T}}+[B_2]k_y[B_2]^{\mathrm{T}}+[B_3]k_3[B_3]^{\mathrm{T}})[J]\mathrm{d}\xi\mathrm{d}\eta\mathrm{d}\zeta\cdot(h)^e\\ &=[K]^e(h)^e\end{aligned} \tag{4.14}$$

式中，单元 $k$ 矩阵为：

$$k_{ij}^e=\iiint_{\Omega^e}\left(k_x\frac{\partial N_i}{\partial x}\frac{\partial N_j}{\partial x}+k_y\frac{\partial N_i}{\partial y}\frac{\partial N_j}{\partial y}+k_z\frac{\partial N_i}{\partial z}\frac{\partial N_j}{\partial z}\right)\mathrm{d}x\mathrm{d}y\mathrm{d}z。$$

研究式中第二项，由单位储水量引起的单元泛函部分 $I_2^e=\iiint_{\Omega^e}S_s h\frac{\partial H}{\partial t}\mathrm{d}x\mathrm{d}y\mathrm{d}z$：

将水头函数对时间求偏导数可得：

$$\frac{\partial H}{\partial t}=[N]\left(\frac{\partial h}{\partial t}\right)^e \tag{4.15}$$

将上式代入 $I_2^e$ 可得：

$$\frac{\partial I_2^e}{\partial(h)^e}=\frac{\partial}{\partial(h)^e}\iiint_{\Omega^e}S_s h\frac{\partial H}{\partial t}\mathrm{d}x\mathrm{d}y\mathrm{d}z=\iiint_{\Omega^e}\frac{\partial}{\partial(h)^e}\left(S_s[N](h)^e[N]\left(\frac{\partial h}{\partial t}\right)\right)\mathrm{d}x\mathrm{d}y\mathrm{d}z$$

$$=\iiint_{\Omega^e}[N]S_s[N]^{\mathrm{T}}[J]\mathrm{d}\xi\mathrm{d}\eta\mathrm{d}\zeta\cdot\left(\frac{\partial h}{\partial t}\right)^e=[S]^e\left(\frac{\partial h}{\partial t}\right)^e$$

(4.16)

式中，单元 $s$ 矩阵可表示为：$s_{ij}^e=\iiint_{\Omega^e}S_sN_iN_j\mathrm{d}x\mathrm{d}y\mathrm{d}z$。

研究式中第三项，即自由面变化时相关单元流入或流出的流量所引起的单元泛函部分 $I_3^e=\iint_{\Gamma}qh\,\mathrm{d}\Gamma$。

非稳定渗流中，由于自由面边界随着时间的变化处于动态变动中，因此在自由面边界中不但要满足第一类边界条件(总水头边界)，而且同时需要满足第二类边界条件(流量边界)。假设某自由面在 $\Delta t$ 的时间内从 $h_1$ 降落到 $h_2$，其中一块水体体积为 $q\mathrm{dTd}t$，令自由面切线的外法线方向为正，则在自由面降落过程中，单位面积上的流量可表示为：

$$q=\mu\frac{\partial h}{\partial t}\cos\theta-w \tag{4.17}$$

其中，$h$ 为 $t$ 时刻自由面上的水头值，$w$ 为入渗量，$\mu$ 为自由面所穿过区域的给水度，$\theta$ 为竖直线与自由面法线方向的夹角。

当边界条件为不透水边界时，显然流量为 0，此时，该项不需要考虑。当自由面变动时，自由面单元中流出或流入的流量可由下式表示，代入 $I_3^e$ 并求偏导可得：

$$\frac{\partial I_3^e}{\partial(h)^e}=\frac{\partial}{\partial(h)^e}\iint_{\Gamma}qh\,\mathrm{d}\Gamma=\iint_{\Gamma}\frac{\partial}{\partial(h)^e}\left(\mu[N]\left(\frac{\partial h^*}{\partial t}\right)^e\cos\theta[N](h)^e\right)\mathrm{d}\Gamma$$

$$=\iint_{\Gamma}\mu[N][N]^{\mathrm{T}}\cos\theta\mathrm{d}\Gamma\cdot\left(\frac{\partial h^*}{\partial t}\right)^e=[p]^e\cdot\left(\frac{\partial h^*}{\partial t}\right)^e$$

(4.18)

式中，$h^*$ 指自由面上的水头，单元 $p$ 矩阵可表示为：$p_{ij}^e=\iint_{\Gamma}\mu N_iN_j$

$\cos\theta \mathrm{d}\Gamma$。

此时，对于任意单元来说，存在：

$$\left\{\frac{\partial I}{\partial h}\right\}^{e}=[K]^{e}(h)^{e}+[S]^{e}\left(\frac{\partial h}{\partial t}\right)^{e}+[P]^{e}\left(\frac{\partial h}{\partial t}\right)^{e} \tag{4.19}$$

当单元位于渗流区域内部时，由于不需要考虑自由面，上式中只需满足前两项的和，对于自由面变动时穿过的单元来说，必须考虑第三项的影响。依据有限元原理可知，需对模型内所有单元分别求泛函并进行微分，并使其和等于0，得到的集合即为模型泛函对节点水头的微分方程组，其形式如下：

$$\frac{\partial I}{\partial h_i}=\sum_{ne}\frac{\partial I^{e}}{\partial h_i}=0 \quad (i=1,\ 2,\ \cdots,\ n) \tag{4.20}$$

其中 $n$ 为模型中未知水头节点个数。需要说明的是，在模型渗流场中，所有的未知水头节点均需要满足上式，但在边界上的节点中，由于初始条件和边界条件，其节点水头为已知，且作为自由项存在于各个方程中，因此在这些节点上不能进行变分，也不需要满足上式。上式的矩阵形式为整体控制方程，其形式如下：

$$[K](h)+[S]\left(\frac{\partial h}{\partial t}\right)+[P]\left(\frac{\partial h}{\partial t}\right)=[F] \tag{4.21}$$

其中 $F$ 为常数项，其值由已知节点水头表示。

### 4.2.2 时间项的处理

本章采用有限差分的方法对三维非稳定渗流中的时间项进行计算分析，其基本方法如下。由于变分原理得到的整体方程为隐式方程，因此对时间项进行差分后得到方程仍然是隐式形式：

$$\left([K]+\frac{1}{\Delta t}[S]\right)(h)_{t+\Delta t}+\frac{1}{\Delta t}[P](h)_{t+\Delta t}-\frac{1}{\Delta t}[S](h)_{t}-\frac{1}{\Delta t}[P](h)_{t}=[F] \tag{4.22}$$

上式即为需要求解的线性代数方程组，式中的系数矩阵和向量中的各元素都表示为模型中各单元系数矩阵和向量的和，其形式如下所示：

$$K_{ij}=\sum_{1}^{m}K_{ij}^{e}\quad S_{ij}=\sum_{1}^{m}S_{ij}^{e}\quad P_{ij}=\sum_{1}P_{ij}^{e}\quad F_{t}=\sum_{1}^{m}F_{t}^{e}\tag{4.23}$$

式中 $i$，$j$ 分别表示在总体系数矩阵中第 $i$ 行 $j$ 列所对应的元素，$K_{ij}^{e}$，$S_{ij}^{e}$，$P_{ij}^{e}$ 相当于各单元在整体坐标系中总坐标编号的第 $i$ 行 $j$ 列对应元素，$m$ 为模型单元个数，$m'$ 为非稳定渗流中自由面所穿过单元个数，因此需要注意的是，渗流场中自由面边界迭代分析时只对自由面单元求和，而忽略其他单元的影响。由(4.2.1)小节可知，由于土体压缩和水的体积变化所产生的流量与自由面变动而产生的流量相比较，两者处于不同的数量级，因此考虑上式中 $S=0$ 时可得不可压缩土体的三维非稳定渗流整体控制方程。

$$[K](h)_{t+\Delta t}+\frac{1}{\Delta t}[P](h)_{t+\Delta t}-\frac{1}{\Delta t}[P](h)_{t}=[F]\tag{4.24}$$

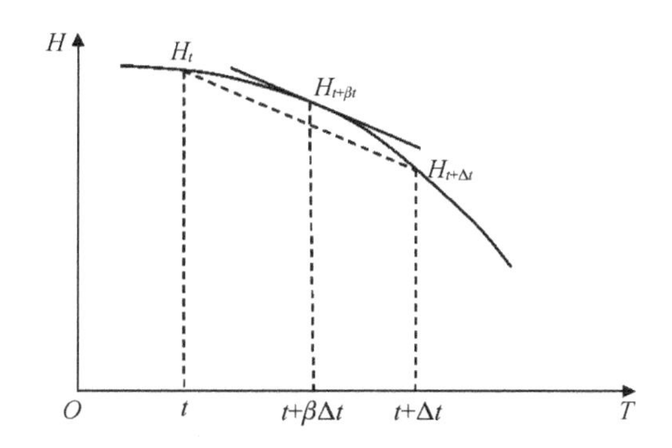


**图 4.1　非稳定渗流中水头对时间差分处理方法示意图**

然而，在实际计算中，非稳定渗流中水头对时间项的偏导多按照近似方法来处理，其具体方法如图 4.1 所示。假设在时刻 $t$，$t+\Delta t$ 时，水头函数分别为 $H_t$，$H_{t+\Delta t}$，取 $0\leqslant\beta\leqslant1$，显然有 $t\leqslant t+\beta\Delta t\leqslant t+\Delta t$，令在时刻 $t+\beta\Delta t$ 时其水头函数为 $H_{t+\beta\Delta t}$，且水头随时间的变化在 $t$ 到 $t+\Delta t$ 时间内为线性变化，则水头对时间的偏导成线性变化。令其时间的偏导可以用时间前后水头函数 $H_t$，$H_{t+\Delta t}$ 对时间的差分来表示，形式如下：

$$\frac{\partial H_{t+\beta\Delta t}}{\partial t}=\frac{H_{t+\Delta t}-H_{t}}{\Delta t}\tag{4.25}$$

显然地，$H_{t+\beta\Delta t}$ 也可由 $H_t$ 和 $H_{t+\Delta t}$ 线性插值近似获得，其形式如下：

$$H_{t+\beta\Delta t}=(1-\beta)H_t+\beta H_{t+\Delta t} \tag{4.26}$$

在时刻 $t+\beta\Delta t$，非稳定渗流场的控制方程可表示为：

$$[\beta K_{t+\beta\Delta t}](H_{t+\beta\Delta t})+[P_{t+\beta\Delta t}]\left(\frac{\partial H_{t+\beta\Delta t}}{\partial t}\right)=[F_{t+\beta\Delta t}] \tag{4.27}$$

将公式(4.25)和(4.26)代入公式(4.27)可以得到：

$$\left[\beta K_{t+\beta\Delta t}+\frac{P_{t+\beta\Delta t}}{\Delta t}\right](H_{t+\Delta t})+\left[(1-\beta)[K_{t+\beta\Delta t}]-\frac{P_{t+\beta\Delta t}}{\Delta t}\right](H_t)=[F_{t+\beta\Delta t}] \tag{4.28}$$

由于不涉及非饱和渗流，则有 $K_{t+\beta\Delta t}$ 为定值，不随时间项的变化而变化，由公式(4.18)可知，可以求解不同时刻的 $P_{t+\beta\Delta t}$ 值，$H_t$ 为 $t$ 时刻渗流场的水头值，在求解时，可根据初始条件逐步迭代求解，且在求解后续时刻渗流场时，可视为已知量。显然，在求解非稳定渗流问题时，公式(4.28)为最终的控制方程，通过有限元求解可得到 $t+\Delta t$ 时刻的渗流场，进而求得该时刻模型内部各部位的流量计水力梯度值，而对于时间段 $[t,t+\Delta t]$ 内某时刻 $t+\beta\Delta t$ 的渗流场可按照公式(4.26)和(4.28)进行插值计算，可以看到，非稳定渗流的有限元解答实际是个逐步迭代过程[122]。

### 4.2.3 自由面边界积分的计算方法

由(4.2.1)小节内容可知，由于非稳定渗流中自由面为一活动面，其随着时间的变化而呈现上升或下降的趋势，因此控制方程存在对时间的偏导项 $[P]\left(\frac{\partial h}{\partial t}\right)$，其中 $P$ 为自由面边界积分项，是对自由面边界的积分，积分计算只发生在自由面穿过的单元中，由于自由面本身的缘故，积分区域和被积函数的表达式都比较复杂，难以用解析的方法给出确定解，因此通常采用数值积分的方式进行求解。本书采用刘杰 2002 年[190]提出的方法进行边界积分项的计算。

对于六面体八节点等参单元来说，非稳定渗流的自由面方程通常可表示为以下形式：

$$\sum_{i=1}^{8} N_i P_i = 0 \tag{4.29}$$

采用局部坐标系可表示为：

$$\sum_{i=1}^{8}(1+\xi\xi_i)(1+\eta\eta_i)(1+\zeta\zeta_i)p_i = 0 \tag{4.30}$$

展开上式并移项，合并同类项可得：

$$\zeta = -\frac{\sum_{i=1}^{8}(1+\xi\xi_i)(1+\eta\eta_i)p_i}{\sum_{i=1}^{8}\zeta_i(1+\xi\xi_i)(1+\eta\eta_i)p_i} = f(\xi, \eta) \tag{4.31}$$

式中，$N$ 为单元节点的形函数，$P$ 为节点孔压。上式即为六面体等参单元局部坐标系表示的自由面方程的一般形式。对于自由面边界来说，其系数矩阵为：

$$p_{ij}^{e} = \iint_{\Gamma} \mu N_i N_j \cos\theta \mathrm{d}\Gamma \tag{4.32}$$

令 $G(\xi, \eta, \zeta) = N_i N_j \mu \cos\theta$，代入上式，并将对曲面的二重积分转化为对平面的二重积分，形式如下：

$$g_{i,j} = \iint_{A} G(\xi, \eta, f(\xi, \eta))\sqrt{1+f_{\xi}^{2}+f_{\eta}^{2}}\,\mathrm{d}\xi\mathrm{d}\eta \tag{4.33}$$

式中，$A$ 为单元内自由面 $\Gamma^e$ 映射在局部坐标面 $\xi\eta$ 上的面积，$f_{\xi}^{2}$，$f_{\eta}^{2}$ 为自由面方程 $G(\xi, \eta, \zeta)$ 对局部坐标 $\xi\eta$ 的偏导数。显然，公式(4.33)中出现的所有的函数及其偏导数都是局部坐标 $\xi\eta$ 的函数，为求得各部分的具体函数表达，设通过单元内自由面 $\Gamma^e$ 上某点的法线方程为：

$$\frac{\xi-\xi_0}{-f_{\xi}(\xi_0, \eta_0)} = \frac{\eta-\eta_0}{-f_{\eta}(\xi_0, \eta_0)} = \frac{\zeta-\zeta_0}{1} \tag{4.34}$$

其单位法向量为：

$$n_{\Gamma} = \left(\frac{-f_{\xi}(\xi_0, \eta_0)}{C_0}, \frac{-f_{\eta}(\xi_0, \eta_0)}{C_0}, \frac{-1}{C_0}\right) \tag{4.35}$$

式中，$C_0=\sqrt{1+f_{\xi}^2(\xi_0,\ \eta_0)+f_{\eta}^2(\xi_0,\ \eta_0)}$，显然，过单元内自由面 $\Gamma^e$ 上任意一点 $(\xi,\ \eta,\ \zeta)$ 的法线在 $\zeta$ 方向上的方向余弦为：

$$l_{\Gamma}^e=\frac{1}{\sqrt{1+f_{\xi}^2(\xi_0,\ \eta_0)+f_{\eta}^2(\xi_0,\ \eta_0)}}=\cos\theta \tag{4.36}$$

式中，$\theta$ 为单元自由面法向量与竖直线的夹角。将公式(4.36)代入公式(4.32)并对公式(4.33)进行简化可得：

$$g_{i,\ j}=\iint_A \mu N_i N_j \mathrm{d}\xi \mathrm{d}\eta \tag{4.37}$$

式中 $N_i N_j$ 的表达式可由公式(4.8)得出，到此公式(4.32)所示地对单元内自由面的二重积分转化为了公式(4.37)所示地对局部坐标平面 $\xi\eta$ 的二重积分，其积分区域为 $A$。

由高等数学知识可知，当积分区域 $A$ 为三角形区域时，公式(4.37)对平面的二重积分可展开为对坐标的积分，积分上下限与三角形的形状相关。

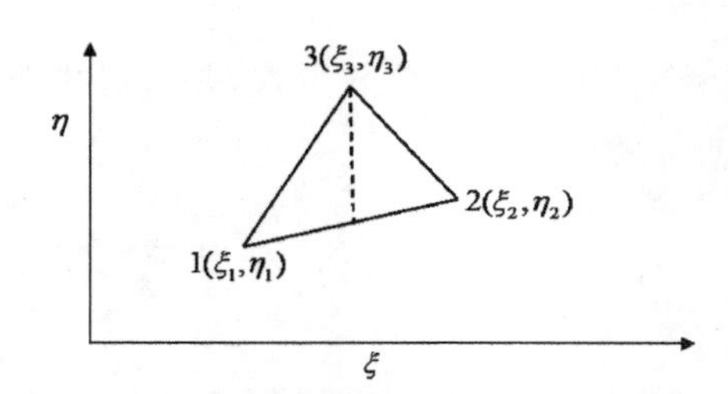


**图 4.2　曲面投影在局部坐标系平面上的积分区域**

图 4.2 为自由面曲面投影在局部坐标系中的积分平面 $A$，给定图中三角形三条边的曲线方程分别为：

$$f_{12}(\xi,\ \eta)=0,\quad f_{23}(\xi,\ \eta)=0,\quad f_{31}(\xi,\ \eta)=0 \tag{4.38}$$

则公式(4.37)可展开为如下形式：

$$g_{ij}^e=\int_{\xi_1}^{\xi_3}\int_{f_{12}}^{f_{13}}\mu N_i N_j \mathrm{d}\xi \mathrm{d}\eta+\int_{\xi_3}^{\xi_2}\int_{f_{12}}^{f_{23}}\mu N_i N_j \mathrm{d}\xi \mathrm{d}\eta \tag{4.39}$$

模型内不同位置，自由面曲线曲率各不相同，曲面与所穿过单元的交点位置各不相同，因此曲面 $\Gamma$ 在积分曲面 $A$ 的投影为由 3～6 个点构成的凸多边形，为了满足公式(4.39)的计算要求，需要将投影的凸多边形分解为若干个三角形子域，然后在各个三角形上分别对 $\mu N_i N_j$ 进行积分，并将各三角形区域的积分项进行求和计算，所得结果即为对自由面的数值积分。因此只要确定了平面积分区域，即可求出相应的曲面积分，由公式(4.31)可知，单元自由面曲面在局部坐标系中在单元 $\xi$ 方向上的交点坐标为：

$$\zeta^* = -\frac{\sum_{i=1}^{8}(1+\xi\xi_i)(1+\eta\eta_i)p_i}{\sum_{i=1}^{8}\zeta_i(1+\xi\xi_i)(1+\eta\eta_i)p_i}, \quad \zeta^* \in [-1, 1] \tag{4.40}$$

$$\xi^* = \pm 1, \quad \eta^* = \pm 1$$

同理，自由面 $\Gamma$ 在单元 $\eta$，$\zeta$ 上的交点坐标为：

$$\xi^* = -\frac{\sum_{i=1}^{8}(1+\eta\eta_i)(1+\zeta\zeta_i)p_i}{\sum_{i=1}^{8}\xi_i(1+\eta\eta_i)(1+\zeta\zeta_i)p_i}, \quad \xi^* \in [-1, 1] \tag{4.41}$$

$$\eta^* = \pm 1, \quad \zeta^* = \pm 1$$

$$\eta^* = -\frac{\sum_{i=1}^{8}(1+\xi\xi_i)(1+\zeta\zeta_i)p_i}{\sum_{i=1}^{8}\zeta_i(1+\xi\xi_i)(1+\zeta\zeta_i)p_i}, \quad \eta^* \in [-1, 1] \tag{4.42}$$

$$\xi^* = \pm 1, \quad \zeta^* = \pm 1$$

将所得交点在积分平面 $A$ 上进行投影，即可得到积分区域多边形的各个顶点。由于各投影点是无序排列的，在划分各三角形积分区域时，为了避免各积分子域互相遮挡覆盖，需要对各顶点序列进行排序，使之顺序相连后形成一个凸多边形。常用的判断多边形为凸多边形的方法有：1)角度法；2)凸包法；3)顶点凹凸性法；4)辛普森面积法。本书选择凸包法进行排序，其中 Graham's Scan 扫描法[191]是一种常用的凸包算法，其一般过程如下：

(1) 假设平面积分域有 $n$ 个顶点，各顶点坐标为 $(\xi_i, \eta_i)$，对所有顶点

坐标 $\xi_i$ 进行由小到大排序，选择 $\xi_i$ 最小的点作为基点，如果同时存在多个 $\xi_i$ 最小点，则对 $\eta_i$ 进行排序，选择 $\xi_i$，$\eta_i$ 同为最小的顶点作为基点，且记为 $C_1$。

(2) 依次连接基点与其他点构成一组向量 $\overrightarrow{\boldsymbol{C}_1\boldsymbol{C}_j}$，分别计算各向量与 $\xi$ 轴的夹角，将夹角按照由大到小的顺序进行顺时针排序，并将夹角最大值对应的向量记为 $\overrightarrow{\boldsymbol{C}_1\boldsymbol{C}_2}$，此时点 $C_2$ 即为排序后凸多边形的第二个顶点。

(3) 以 $C_2$ 为基点，按照过程(2)的原理进行循环计算，即可得到一系列排序后的多边形顶点 $C_1$，$C_2$，…，$C_n$。顺序连接各点，即可得到所求的凸多边形。

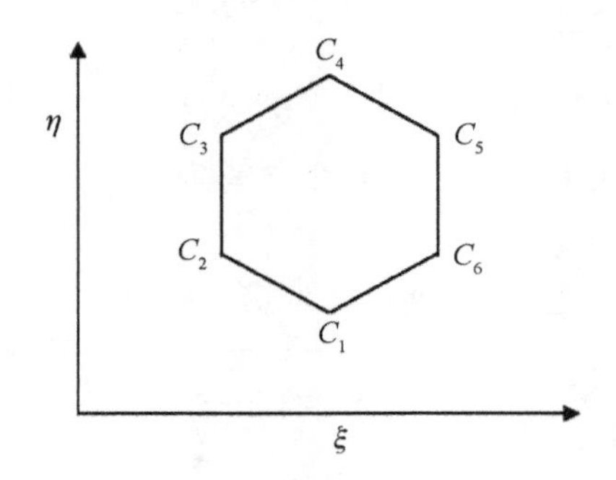


**图 4.3　Graham's Scan 法排序后生成的凸多边形**

假设自由面与单元楞线的交点投影到积分平面 $A$ 后有 6 个交点，按照 Graham's Scan 算法，首先确定基点 $C_1$，与其他点连线生成多条向量，计算方向余弦后确定 $C_2$ 为第二个顶点，将 $C_2$ 视为基点进而确定后续的多边形顶点 $C_3$，$C_4$，$C_5$，$C_6$，依次连接排序后的顶点形成凸多边形如图 4.3 所示。

### 4.2.4　程序编制

作者基于本章基本内容，在 Compaq Visual Fortran 6.6 编译环境下，将本书第二章所述基于 LAS 技术的三维多介质随机场生成方法和非稳定渗流有限元求解方法相结合，基于蒙特卡罗法计算原理编制了求解堤防三维渗流场随机有限元求解程序，其流程如图 4.4 所示。

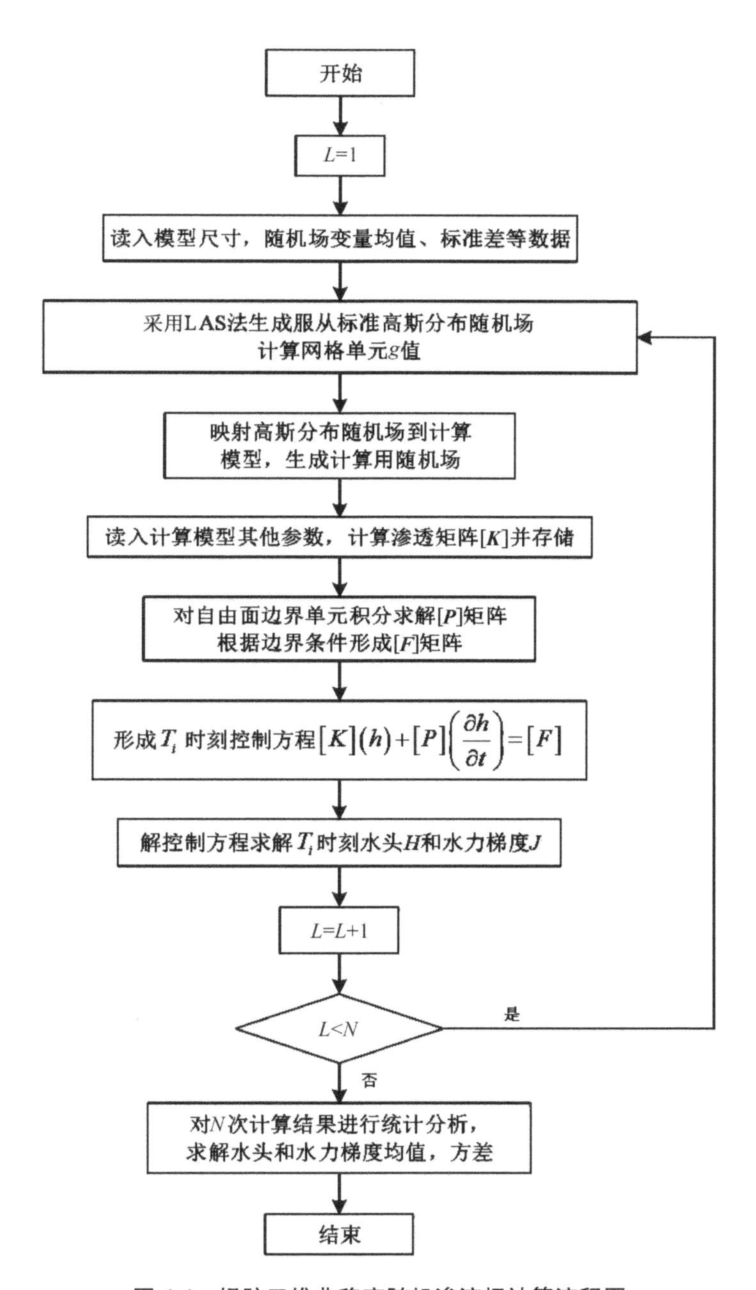


图 4.4　堤防三维非稳定随机渗流场计算流程图

## 4.3 水位上升时响应量随变异系数和时间变化规律研究

### 4.3.1 模型

计算模型采用第三章(3.4)节算例中的堤防模型，各部位渗透系数取值如表4.1所示。在初始时刻，上游水位高程27 m，下游水位24 m，渗流状态为稳定渗流，将此时得到的渗流场视为非稳定渗流计算的初始条件，然后假设下游水位保持24 m不变，上游水位在2天内从27 m匀速上升到31 m，依此来对水位上升后的非稳定渗流场进行随机分析。分析中，采用蒙特卡罗随机有限元法，由于在非稳定分析过程中，采用差分方法计算不同时间节点处的渗流场，计算量较大，因此，分析次数取2 000次。在非稳定渗流分析过程中，边界条件是动态变化的，堤防的渗流特性随时间而改变，因此，在单次计算过程中，选取9个时间节点分别为：$t=0$, 24, 48, 120, 360, 600, 1 080, 1 800, 2 520 h，且记水位上升开始时刻为$t=0$时，对每个时刻的堤防的三维非稳定非饱和随机渗流场进行统计分析，来研究水位上升时堤防的随机渗流特性。

计算中，将土体渗透系数视为服从对数正态分布的空间随机场，利用三维多介质随机场生成技术生成随机场，并将渗透系数随机场一一映射到实体模型单元中，生成实际用于计算的实体随机场模型，具体生成方法和随机场模型在本书第二章有详细说明。由于需要对时间项进行差分求解，在分析中首先固定竖直方向相关尺度$\theta_z$为3 m，水平方向相关尺度$\theta_x$和$\theta_y$为24 m，研究变异系数变化时堤防的三维渗透特性。分析过程中变异系数和各向异性比取值如表4.2所示。

由于理论推导过程中忽略了单位储水量的影响，因此，计算中还需考虑给水度的影响。毛昶熙[189]认为给水度与土体渗透系数和体积孔隙率有关，可表示为式(4.43)所示形式；

$$\mu=\alpha n \tag{4.43}$$

其中，$n$为孔隙率，系数$\alpha$可根据实际数据经公式拟合得到，根据相关研究资料，可将$\alpha$表示为式(4.44)的形式：

$$\alpha = 113.7 \times (0.000\ 117\ 5)^{0.607(6+\lg k)} \tag{4.44}$$

式中，$k$ 为土体渗透系数，在本例中，可将生成的渗透系数随机场代入式(4.44)和(4.43)中，即可得到各个单元的给水度分布值。

**表 4.1　堤防各部位渗透系数表**

| 土层 | 渗透系数均(cm/s) | | |
|---|---|---|---|
| | $X$ 向 | $Y$ 向 | $Z$ 向 |
| 堤身 | 3.32E-06 | 3.32E-06 | 6.64E-07 |
| 堤基 1 | 1.81E-06 | 1.81E-06 | 4.525E-07 |
| 堤基 2 | 2.26E-05 | 2.26E-05 | 1.13E-05 |

**表 4.2　变异系数和各向异性比取值表**

| 随机场 | 变异系数(Cov) | 各向异性比(ζ) |
|---|---|---|
| 取值 | 0.1，0.3，0.5，0.7，1，2，3 | 8 |

对于平稳随机场，每次离散后所得渗透系数随机场的均值与随机场理论值相接近，在大量重复计算下，可以认为两者相等，而渗透系数标准差相较随机场理论值有一定的变化，因此渗透系数离散后，其变异系数与给定值不同。将堤防各层材料进行 2 000 次随机场离散，并对离散后的单元渗透系数进行统计，可以得到离散后的各层材料变异系数与给定值的相互关系，如图4.5 所示。可以看到，所有材料离散后的变异系数均小于给定值，且与离散个数有关，离散个数越多，曲线距给定值越远，意味着此时变异系数更小。

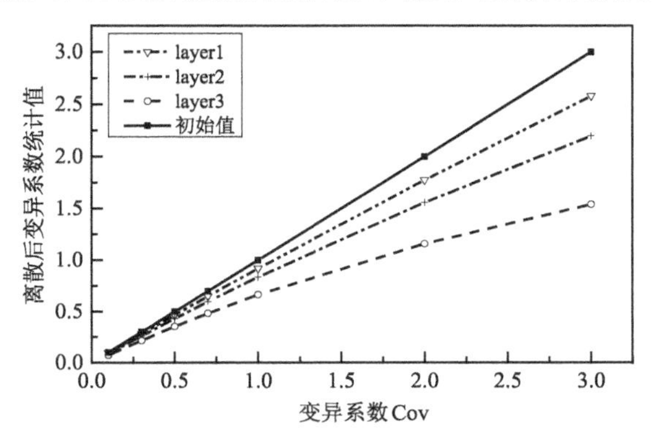


**图 4.5　离散后土体渗透系数变异系数变化规律**

### 4.3.2 自由面和溢出点高程随变异系数和时间变化规律

在自由面渗流问题中，自由面的位置和溢出点高程与土体的变异系数和各向异性比有关，画出了从水位开始上升时(初始时刻)、360 h 和 2 520 h 对应的自由面位置和溢出点位置。(a)图中，时间点为初始时刻，由于假定水位上升前堤防渗流为稳态，确定解(均质材料)对应的自由面和溢出点最高，变异系数为 3 时最低，且随着变异系数的增大呈现出降低的趋势，这与第三章分析结果类似，主要原因是，水在土体中发生流动时，当渗流路径中存在渗透系数较低的块体，而块体周围渗透系数较大时，会绕过渗透系数较低的块体从渗透系数较高的块体中流过，同时由于重力作用，自由面渗流中，水的流动方向总是由高到低的，因此在考虑随机场的影响因素时，变异系数越大，块体能取得的渗透系数越低，在流经这些块体时，渗流路径向下偏折，对应情况的溢出点也相应下移。(b)和(c)中自由面和溢出点分布规律与(a)中相似，这说明了在堤防非稳定非饱和渗流分析中的某时刻，自由面和溢出点高程同样随着变异系数的增大而降低。

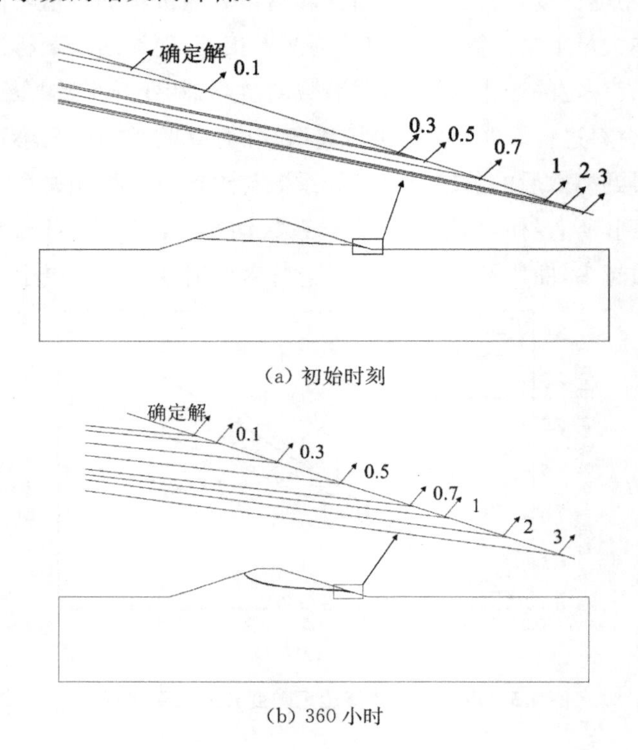

(a) 初始时刻


(b) 360 小时

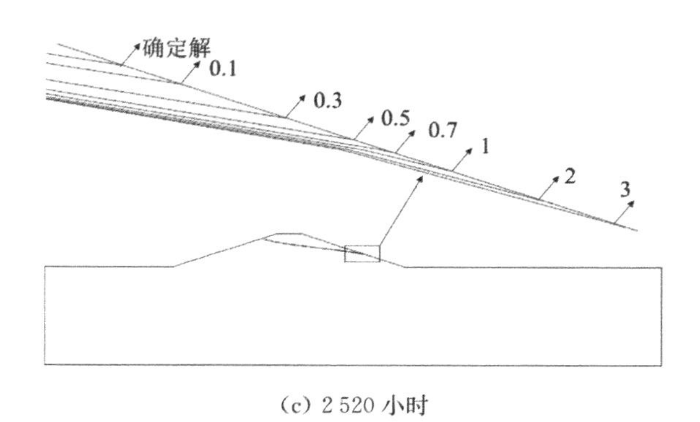


(c) 2 520 小时

**图 4.6　不同时刻各变异系数对应的溢出点高程示意图**

## 4.3.3　节点总水头和标准差随变异系数和时间变化规律

节点总水头均值和标准差的计算参照本书第三章中的计算方法，蒙特卡罗法中，多次计算得到的节点总水头均值反映了模型中总体水头值的大小，而其标准差则反映了在不同变异系数和相关尺度下，模型中各节点总水头偏离均值的整体情况。

图 4.7 为节点总水头均值随变异系数变化的曲线，可以看到，当变异系数取 0.1 时，对应 9 个时刻节点总水头均值分别取得最大值，且每条曲线随着变异系数的增大，节点水头均值均呈现降低趋势，由自由面和溢出点高程与变异系数的关系可知，变异系数较小时，自由面和溢出点处于较高位置，造成了部分节点总水头值相对较大，相应的节点总水头均值也较大；当变异系数

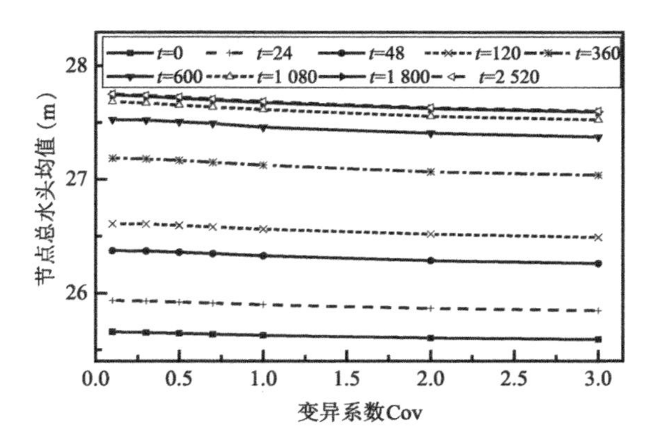


**图 4.7　节点总水头均值与变异系数关系曲线**

增大时，自由面降低，相应的节点总水头均值也降低。图中各条曲线变化平缓，其斜率均趋于 0，变化规律不明显，这主要是由于本分析选取了 9 个时间节点，且纵观整个非稳定分析，导致图中纵坐标取值范围较大，单个时间点水头均值变化范围只占整体坐标很小一部分造成的。注意到 $t=1\,800$ h 和 $t=2\,520$ h，对应的两条曲线接近重合，说明这两个时间点已经趋于非稳定渗流的末期，此时随着时间的增加，渗流场变化不大，渗流特性与稳定渗流接近，因此可取 $t=2\,520$ 小时作为非稳定分析的结束时刻，近似地认为此时渗流场已经趋于稳定。

图 4.8 为非稳定分析中不同时刻节点总水头均值变化曲线，曲线可分为两个阶段，当 $0\leqslant t\leqslant 48$ 时，曲线斜率极大，总水头均值急速上升；当 $48<t\leqslant 1\,080$ 时，曲线斜率较大，节点总水头均值上升较快，不同时间点之间水头差较大，且随着时间增加，曲线斜率逐渐降低；当 $1\,080<t\leqslant 2\,520$ 时，曲线平缓，此阶段水头均值增长较慢，不同时间点之间水头差很小，且 $1\,800\leqslant t\leqslant 2\,520$ 时几乎为一水平线。这一现象主要是由两个因素造成的：1）$0\leqslant t\leqslant 48$ 时，迎水坡水位迅速上升，此时对迎水坡面上游，即迎水坡面沿 $X$ 轴负方向一侧的模型区域来说，增加的水头直接作用在了该区域节点上，造成了该时段节点总水头均值增速最快。2）$48<t\leqslant 1\,080$ 时，曲线斜率逐渐变缓是由于堤防水位上升过程中，饱和前锋线的变化规律造成的。

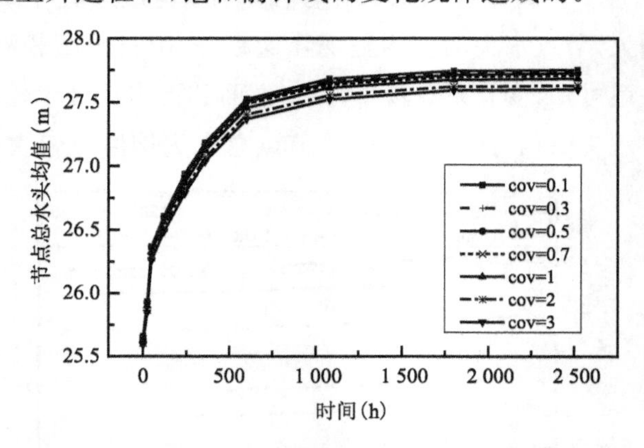


**图 4.8 节点总水头均值与时间关系曲线**

涨水时，饱和前锋线向非饱和土体中的推进速度和距离不仅受到上下游水位差的影响，也需要考虑非饱和土的基质吸力对原有水动力的增强趋势，文献[189]给出了非饱和土体中饱和前锋线的推进速度表达式：

$$v'=\frac{k}{n_e}\cdot\frac{h_c+h-z}{l}=\frac{k}{n_e}\cdot\frac{h_c+\Delta h-z}{l} \tag{4.45}$$

式中，$k$ 为达西渗透系数，$n_e$ 为水在其中运动的有效孔隙率，即非饱和土体的气孔体积孔隙率，$h_c$ 为毛管吸力水头，$\Delta h$ 为上下游水位差，$z$ 为饱和前锋线处的总水头，且存在 $z \leqslant \Delta h$。

饱和渗流可看成非饱和渗流的一种特殊情况，对于均匀土体来说，饱和前锋线总是处于动态变化过程中，因此前锋线处的渗透系数 $k$、$n_e$ 和 $h_c$ 可视为一固定值。当上游水位开始上升时，由于自由面和下游溢出点高程变化存在一定的滞后性，此时 $\Delta h$ 增大，而 $z$ 可近似视为不变，故有 $\Delta h-z$ 值逐渐增大，由公式(4.45)可知，饱和前锋线推进速度 $v'$ 逐渐增大。当水位到达最高处后，上游水位保持不变，而自由面和下游溢出点高程逐渐升高，此时 $\Delta h$ 保持不变，而 $z$ 值逐渐变大，因此 $\Delta h-z$ 逐渐减小，相应的饱和前锋线推进速度 $v'$ 逐渐降低。节点总水头均值反映了堤防内某时刻所有节点总水头值的大小程度，当饱和前锋线推进速度快时，即单位时间内自由面位置变化较大，自由面升高时，堤防内节点总水头值增加较快，而推进速度慢时，即单位时间内自由面位置变化较小，节点总水头值增速降低。这与图 4.8 显示的规律相一致，也说明了本计算程序的正确性。

图 4.9 为节点总水头标准差均值与变异系数的关系曲线，反映了非稳定渗流分析中某时刻堤防内节点整体总水头标准差的大小程度。由图可知，随着变异系数的增加，水头标准差均值呈现增大趋势，这与稳定渗流得出的规律相一致，说明了标准差增大时，会引起涨水过程中任意时刻水头标准差总体程度(均值)的增大。注意到在 $t=0$ 时，渗流场为稳定渗流场，在其他任意时刻，水头标准差均值曲线均在 $t=0$ 时对应的稳定渗流场曲线之上，作者认为，曲线间的增量主要是由于上游水头增大引起节点总水头均值增大，进而造成水头标准差均值增加引起的。

图 4.10 为节点总水头标准差均值与时间的关系曲线，曲线可明显分为两部分，当 $0 \leqslant t \leqslant 48$ 时，曲线斜率较大，即总水头标准差均值增长较快，当 $48 < t \leqslant 2\,520$ 时，曲线斜率较小，且在曲线末端斜率趋于 0，此时，标准差增速缓慢，靠后的时间点之间，标准差增量趋于 0。对比图 4.8 可知，节点总水头均值在 $0 \leqslant t \leqslant 600$ 时上升较快，其他时间点上升平缓，而其对应的总水头标准差均值在 $0 \leqslant t \leqslant 48$ 区间内增长较快，其他时间点增长平缓，两者对应

的时间区间并不存在对应关系。究其原因,作者认为是由初期阶段饱和前锋线推进速度较大引起的,在推进速度降低后,水头标准差均值增速也降低。水头标准差均值随上游水位上升而增加,因此本算例中,$t=2\ 520$ 时标准差显著大于初始时刻标准差。

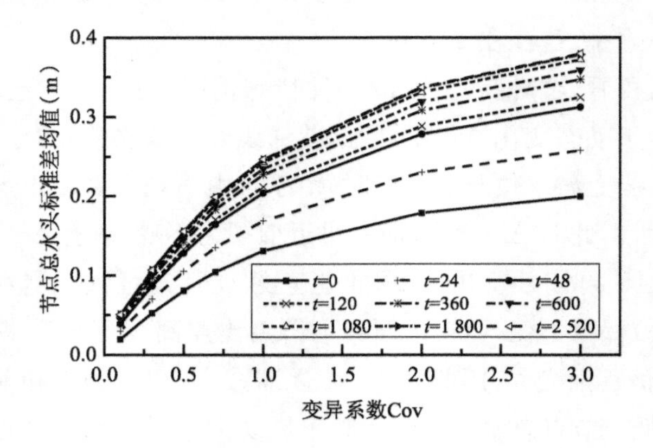


**图 4.9　节点总水头标准差均值与变异系数关系曲线**

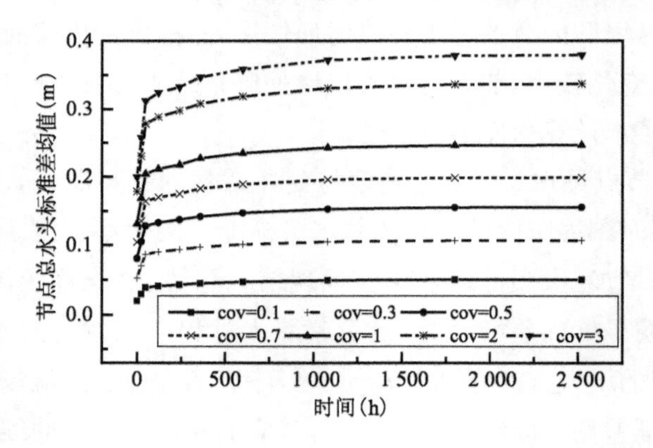


**图 4.10　节点总水头标准差均值与时间关系曲线**

### 4.3.4　迎水坡水力梯度和标准差随变异系数和时间变化规律

在水位上升过程中,迎水坡水位上升迅速,而相应自由面和溢出点变动却有一定的滞后性,因此分别研究堤防两侧饱和区在上升过程中水力梯度及其标准差的变化规律。由于有限元法的固有缺陷,在边界点处,计算容易产生奇异值,造成奇异点处结果误差较大,因此选择观测点时避开了边界点和堤防的角点。在堤防迎水坡和背水坡角点处沿水平向分别向堤防内部延伸

3 m，选定两个观测点 $A$(33，24，16) 点和 $B$(81，24，16) 点，如图4.11所示，考察堤防汛期水位迅速上升及水位持续时间内两点水力梯度值随时间和土体变异系数的变化规律。

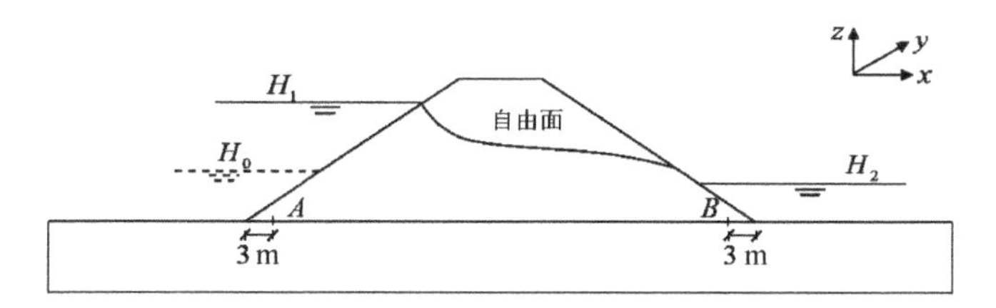


图 4.11　观测点位置示意图

在图 4.12 中，非稳定渗流分析过程中 9 个时间点处对应的迎水坡水力梯度值均随着变异系数的增大而增大，与第三章水力梯度变化规律相比较，图 4.15 中各条曲线斜率较小，趋于一条水平线，这是由水力梯度在整个分析过程中增幅较大造成的。

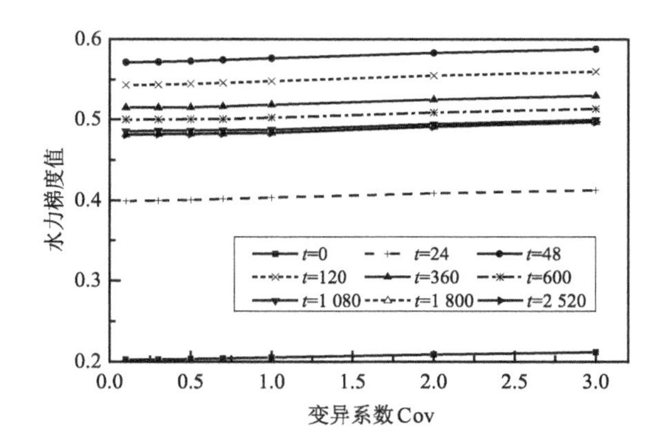


图 4.12　迎水坡水力梯度均值与变异系数关系曲线

水力梯度为水头函数在方向上的偏导，在稳定渗流中，相同模型内，水头差增大，水力梯度相应增大，而在非稳定渗流中，水头函数是动态变化的，不同时刻水头的分布各不相同，水头的动态变化给水力梯度也带来了一定的影响，水力梯度随时间的变化规律如图 4.13 所示。当 $0 \leqslant t \leqslant 48$ 时，由于上游水位的急剧增加，迎水坡水力梯度值增长迅速；当 $48 < t \leqslant 2\,520$ 时，上游水位达到最高点保持不变，此时迎水坡饱和区水力梯度值呈现出缓慢降低趋势，且随着时间的增加日趋平缓，在 $1\,800 < t \leqslant 2\,520$ 时间内几乎成一条水平

直线,因此最终时刻的水力梯度值可近似看成稳定渗流下的水力梯度值。显然,在水位变动后的初始阶段内,水力梯度达到了整个非稳定渗流过程内的最大值,与稳定渗流场下的水力梯度值相比较,也呈现明显的增幅,从水力梯度角度考虑,堤防非稳定渗流最危险时刻出现在水位上升后的初期阶段,这与工程实际经验相吻合,同时也验证了程序计算的正确性。同时,各曲线分布密集,说明了水力梯度随变异系数变化值远远小于水力梯度随时间变化值。

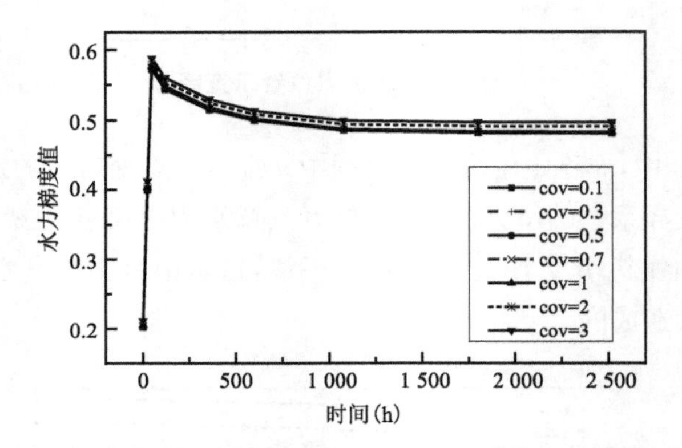


**图 4.13 迎水坡水力梯度均值与时间关系曲线**

由图 4.14 可以看出,各时间节点对应的水力梯度标准差均随变异系数的增大而增大,变异系数取最小值 0.1 和最大值 3 时,对应的标准差变化较大,说明了变异系数对水力梯度标准差影响较大。图 4.15 展示了水力梯度标准差与时间的变化关系,在上游水位上升阶段,标准差增加迅速,达到了整个非稳定分析全阶段的最大值,在其后的时间点,水力梯度标准差随着渗流时间的增加逐步缓慢降低,且降低幅度逐步减小。不同变异系数对应的曲线之间间隔明显,说明了变异系数和时间对水力梯度标准差的影响都较大。

### 4.3.5 背水坡水力梯度和标准差随变异系数和时间变化规律

图 4.16 所示规律与迎水坡水力梯度与变异系数关系相类似,在非稳定渗流分析过程中 9 个时间点处对应的背水坡水力梯度值均随着变异系数的增大而增大,与迎水坡相比较,背水坡水力梯度值相对较小,当渗流持续时间较小时,水力梯度随变异系数的增加不明显,当时间节点较大时,水力梯度随变异系数增大增幅明显,作者认为,在初期,背水坡观测点处,水力梯度值较

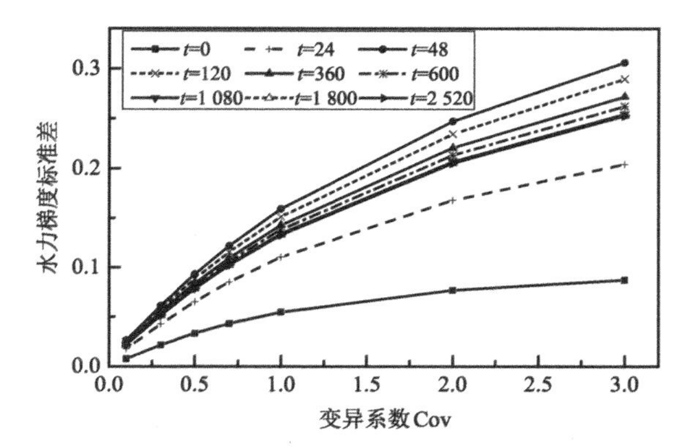


图 4.14　迎水坡水力梯度标准差与变异系数关系曲线

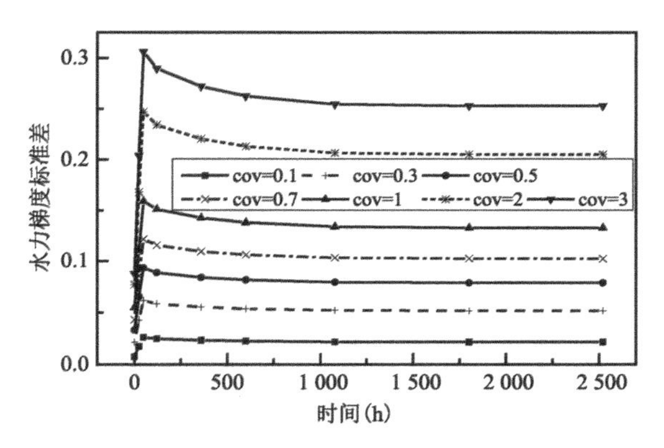


图 4.15　迎水坡水力梯度标准差与时间关系曲线

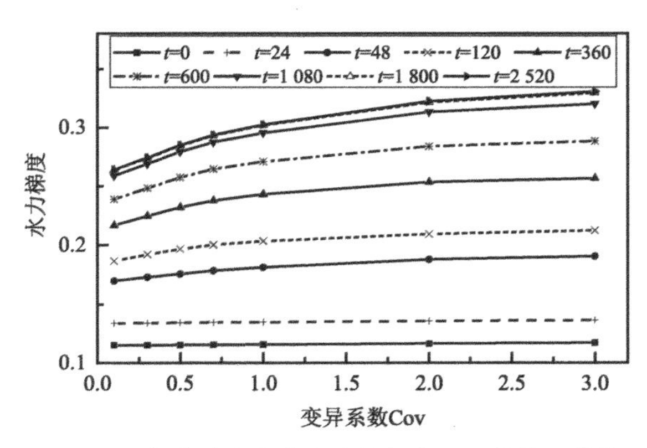


图 4.16　背水坡水力梯度均值与变异系数关系曲线

小,变异系数变化引起的水力梯度值变化不明显,在渗流末期,观测点处水力梯度有了明显提升,此时变异系数的增加使水力梯度出现了较为明显的增幅。

背水坡水力梯度值随时间的变化规律如图 4.17 所示。当 $0 \leqslant t \leqslant 48$ 时,由于上游水位的急剧增加,背水坡水力梯度值增长迅速;当 $48 < t \leqslant 2\,520$ 时,上游水位达到最高点且保持不变,此时对应曲线斜率显著降低,且随着时间的增加曲线斜率趋于 0,这反映了背水坡水力梯度值增速降低,且随着时间的增加增幅趋于 0。

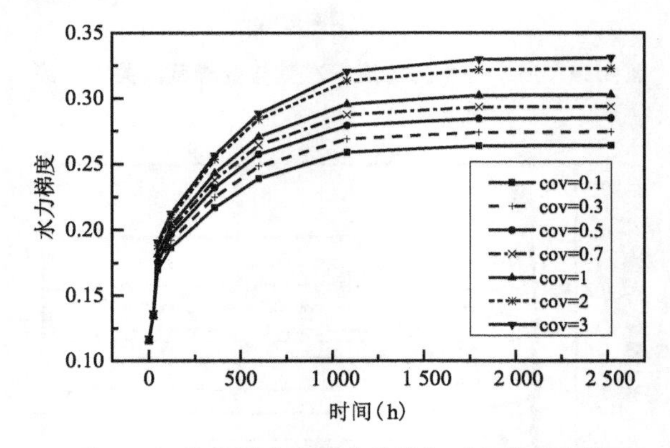


**图 4.17　背水坡水力梯度均值与时间关系曲线**

与迎水坡相比较,如图 4.13,两者在水位增加的初始阶段,水力梯度都出现明显的增加,所不同的是,迎水坡水力梯度在此阶段达到了整个非稳定渗流全阶段的最大值,随着时间的增加水力梯度标准差逐渐降低,而背水坡此时并没有达到最大值,在渗流分析其他阶段,水力梯度标准差随着时间的增加而逐步增大,且增幅逐渐降低,直至最大值。

由图 4.18 可以看出,各时间节点对应的水力梯度标准差均随变异系数的增大而增大,变异系数取最小值 0.1 和最大值 3 时,对应的标准差变化较大,说明了变异系数对水力梯度标准差影响较大。

图 4.19 给出了水力梯度标准差与时间的变化关系,在上游水位上升阶段,水力梯度标准差迅速增加,在其后的时间点,水力梯度标准差随着渗流时间变化增速降低,增幅也逐渐降低且在最终时刻,增幅趋于 0。不同变异系数对应的曲线之间间隔明显,说明了变异系数和时间对水力梯度标准差的影响都较大。与迎水坡有所不同,背水坡水力梯度标准差在水位上升的初期阶段

并没有达到整个非稳定渗流阶段的最大值，而在后续的时间中逐步缓慢增加并逐渐接近最大值。

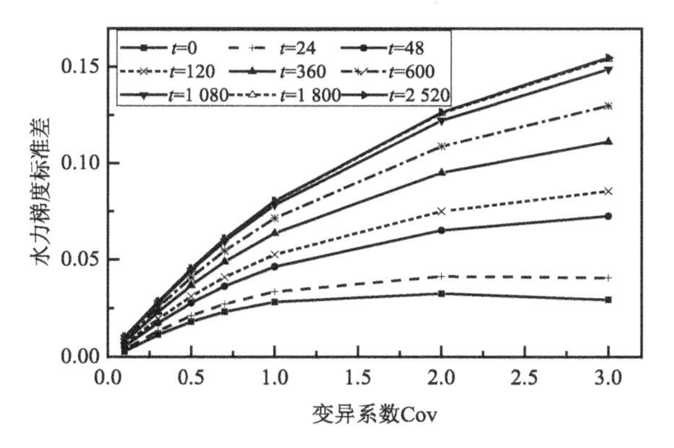


**图 4.18 背水坡水力梯度标准差与变异系数关系曲线**

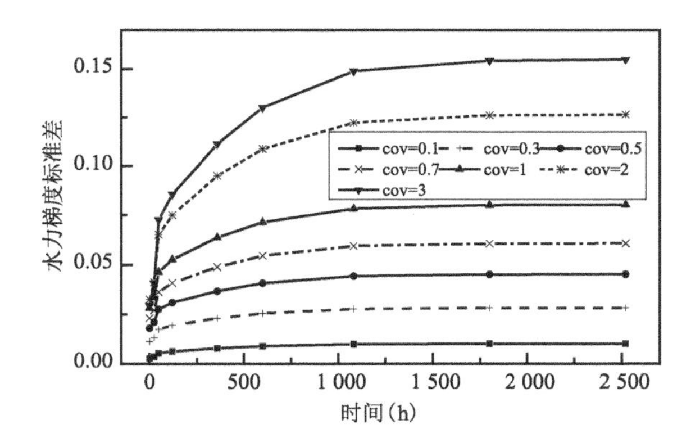


**图 4.19 背水坡水力梯度标准差与时间关系曲线**

## 4.4 水位下降时响应量随变异系数和时间变化规律研究

### 4.4.1 模型

计算模型采用第三章(3.4)节算例中的堤防模型，各部位渗透系数取值如表 4.1 所示。在初始时刻，上游水位高程 31 m，下游水位 24 m，渗流状态为稳定渗流，将此时得到的渗流场视为非稳定渗流计算的初始条件，然后假设下游水位保持 24 m 不变，上游水位在 2 天内从 31 m 匀速下降到 27 m，依此来对水位下降后的非稳定渗流场进行随机分析。计算中，蒙特卡罗随机有限元法计算次数选取为 2 000 次。为了进一步减少计算量和时间，在单次计算过程中，选取 9 个时间节点分别为：$t=0$, 24, 48, 120, 360, 600, 1 080, 1 800, 2 520 h，记水位上升开始时刻为 $t=0$ 时，对每个时刻堤防的三维非稳定非饱和随机渗流场进行统计分析，来研究水位上升时堤防的随机渗流特性，其中变异系数和相关尺度如表 4.2 所示。

### 4.4.2 节点总水头和标准差随变异系数和时间变化规律

图 4.20 为节点总水头均值随变异系数变化曲线，可以看到，在水位下降时非稳定渗流的 9 个不同时间节点上，节点总水头均值均随着变异系数的增大而减小，这种现象的原因是，对于同一个分析过程，变异系数增大时，自由面和溢出点高程相对降低，进而引起局部节点总水头值减小，导致模型内节点总水头均值降低。图 4.20 中，不同时间节点对应曲线位置不同，$t=0$ 时，总水头均值最大，$t=2\ 520$ 时，水头均值最小，且随着时间的增加，曲线位置逐次降低，显然，上游水位回落后，堤防内各节点总水头值均有所降低。在水位降低后的初期阶段，较小的时间增加就会引起水头均值较大的降低，说明在此时间段内，各节点总水头降低速率较大，随着时间的增加，降低速率逐步变缓，对应的在水头变化较大的阶段，水力梯度变化速率也较大，说明了堤防渗透稳定性在此时较差。单条曲线斜率较小，变化平缓，是由于上游水位变化量程较大，水头均值在整个非稳定渗流期间变化较大，而在具体时间点上变化较小导致的。

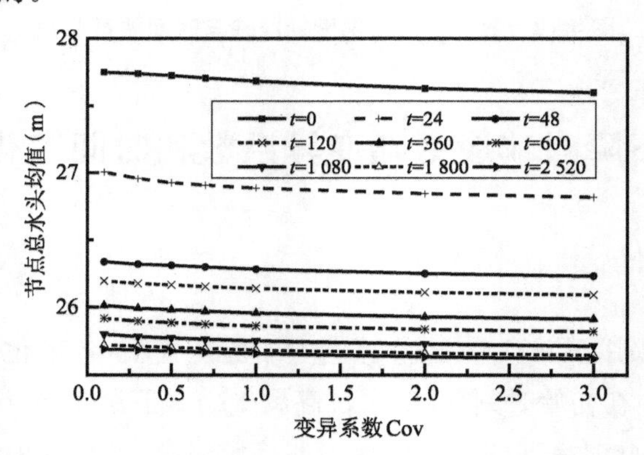


**图 4.20 节点总水头均值与变异系数关系曲线**

图 4.21 为节点总水头均值随时间变化曲线，可以看到在 $0 \leqslant t \leqslant 48$ 时，曲线斜率很大，坡度很陡，说明了此时间段内堤防内各点平均总水头值降速较快；$48 < t \leqslant 2\,520$ 时，水头均值降低速度相对平缓，且随着时间的增大，曲线越来越平缓，到最后时间段，曲线接近一条水平的直线，此时随着时间的进一步增加，总水头均值几乎不再降低，可近似地认为堤防此时已经十分接近或者达到了稳定渗流状态。

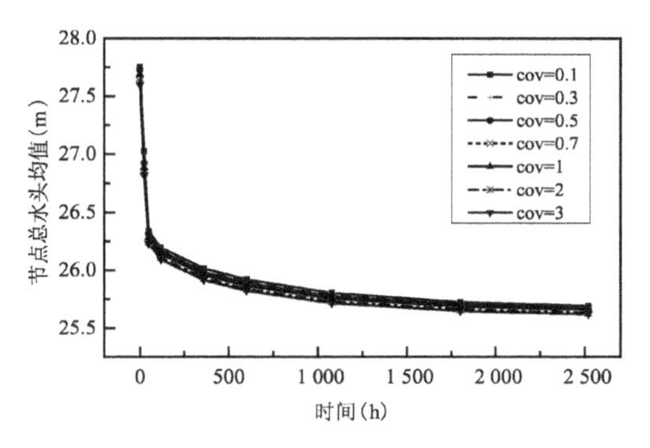


**图 4.21　节点总水头均值与时间关系曲线**

图 4.22 和图 4.23 为节点总水头标准差均值随变异系数和时间变化曲线，图 4.22 中，9 个时间点对应的曲线随着变异系数的增加均呈现明显的增大，尽管随着变异系数的增大，节点总水头均值呈现降低趋势，但总水头标准差均值的分布规律与之相反，仍然随着变异系数的增大而增大。变异系数较小时，各曲线斜率较大，变异系数增加时，曲线斜率变小，说明了节点水头标准差均值的增幅随着变异系数的增大而逐渐降低。

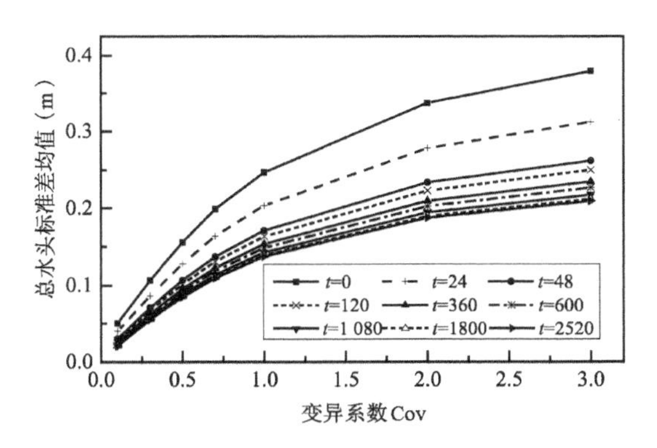


**图 4.22　节点总水头标准差均值与变异系数关系曲线**

图 4.23 中，在水位降低的初期阶段，各曲线表现出明显的降低趋势，随着时间的推移，曲线斜率逐渐变缓，到末期，曲线几乎为一条水平的直线，此时，在不同的时间点上，标准差均值几乎固定不变。说明了节点总水头标准差均值在整个水位降低过程中经历了快速降低阶段，平缓降低阶段和日趋稳定阶段。

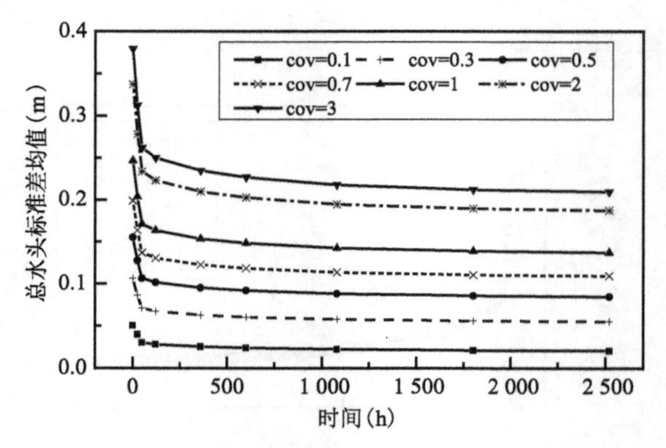


图 4.23　节点总水头标准差均值与时间关系曲线

### 4.4.3　迎水坡水力梯度和标准差随变异系数和时间变化规律

图 4.24 为堤防迎水坡坡脚附近水力梯度值与变异系数的关系曲线，图中，9 个时间节点对应的水力梯度值均随着变异系数的增大而增大，其中 $t=0$，24，48 时对应的曲线之间相隔较大，说明了在此时间段内，水力梯度急剧降低，而其他时间点对应的曲线集中在图 4.24 的下部，说明了此阶段内水力梯度变化较小，同样地，各曲线在图中增长不明显是由于在水位回落的整个过程中，水力梯度变化区间较大造成的。

图 4.25 为迎水坡坡脚附近水力梯度值与时间的变化曲线，可以看到在 $0\leqslant t\leqslant 48$ 时，曲线斜率极大，水力梯度值急剧降低，且在 $t=48$ 时，水力梯度值取得了整个非稳定渗流时间区间内的极小值，与稳定渗流场水力梯度值相比较，也出现明显降低现象；在 $48<t\leqslant 2\,520$ 时，曲线发生明显转折，水力梯度值随时间增加呈现增高的趋势，且在该阶段前期，水力梯度增幅相对较大，而后期阶段，水力梯度增幅逐渐减小甚至接近于固定值（$t=2\,520$ 时）。

图 4.26 为观测点水力梯度标准差与变异系数的关系曲线，可以看到，各

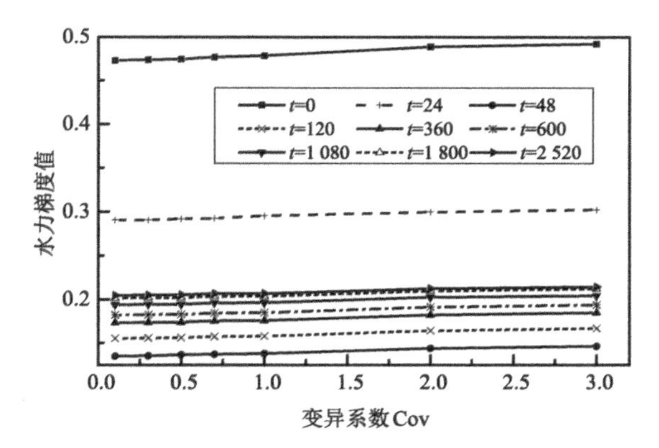


图 4.24　水力梯度均值与变异系数关系曲线

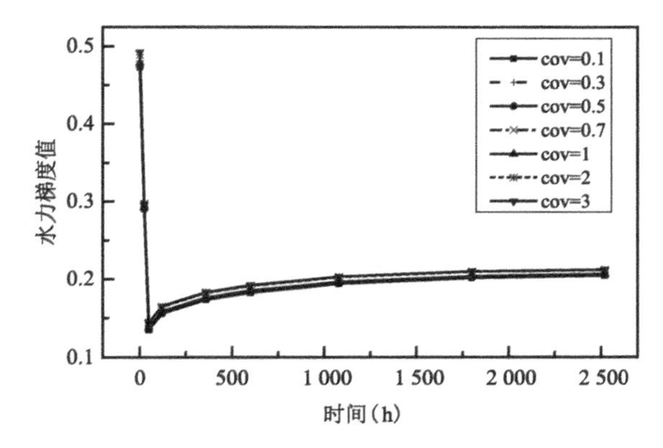


图 4.25　水力梯度均值与时间关系曲线

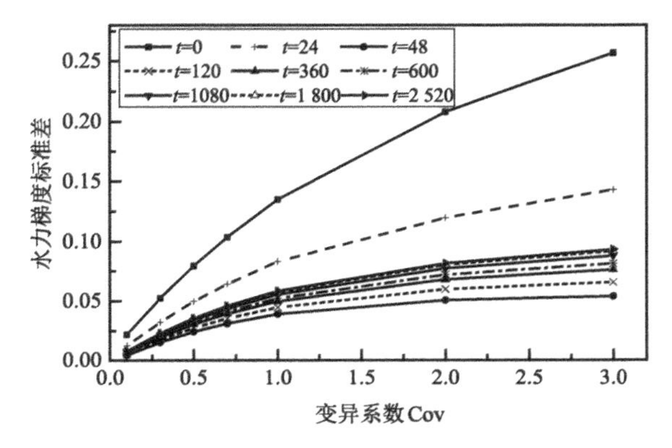


图 4.26　水力梯度标准差与变异系数关系曲线

时间点对应的曲线均随着变异系数的增大而增大，说明了水力梯度标准差与变异系数成正相关。注意到，在变异系数较小时，曲线斜率较大，随着变异系数的增大，斜率逐渐变小，说明了当变异系数取最小值时，标准差增速最大，当变异系数增大时，标准差增速随之减小。

图 4.27 中，当在水位下降的初期阶段时，水力梯度标准差随着时间的增加迅速减小，在 $t=48$ 时达到最小值，随后，随着时间的增大，水力梯度标准差呈现轻微增长的趋势，当变异系数取 3 时，对应曲线在其他变异系数对应曲线之上，且增大趋势最明显，随着变异系数的降低，曲线增大趋势相应降低。

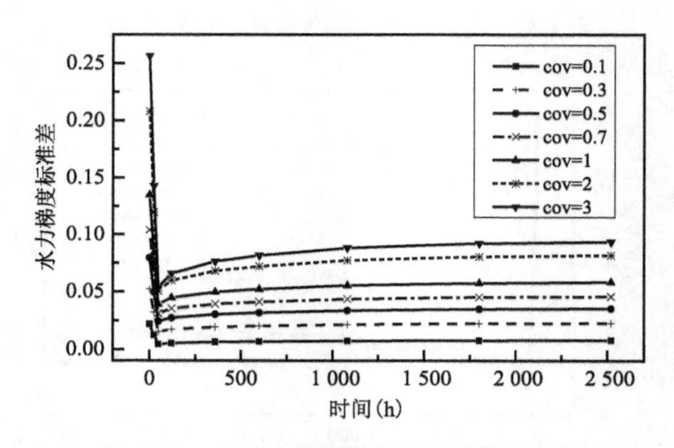


**图 4.27　水力梯度标准差与时间关系曲线**

### 4.4.4　背水坡水力梯度和标准差随变异系数和时间变化规律

图 4.28 为堤防背水坡坡脚附近水力梯度值与变异系数关系曲线，可以看到，9 个时间节点对应的曲线均随着变异系数的增大而增大，且 $t=0$, 24, 48, 120, 360 时对应的曲线相互之间间隔较大，说明了在对应的时间内，水力梯度值降低速度较大，由于水力梯度是水头的偏导数，因此可以得出在该段时间内，总水头均值降速也相应较大，这与(4.4.2)小节得出的结论类似。由于背水坡水力梯度值在整个渗流过程中变化较大，导致单条曲线的增幅在图中表现不明显。

图 4.29 为背水坡水力梯度值与时间关系曲线，可以看到在 $0 \leqslant t \leqslant 48$ 时，水力梯度随着时间的增大急剧降低；在 $48 < t \leqslant 360$ 时，水力梯度虽然也呈现明显的降低趋势，但其降低幅度有所减小，对应的曲线斜率也有减小

趋势；当 $360 < t \leqslant 2\ 520$ 时，随着时间的增加，曲线斜率逐渐变小，水力梯度降低趋势逐渐平缓，在 $t = 2\ 520$ 时附近，曲线近乎为一条水平的直线，此时，随着时间的增大，水力梯度降低幅度趋于 0，可近似地认为此时渗流场已经接近稳定。与迎水坡水力梯度值随时间变化规律相比较，如图 4.25，在 $0 \leqslant t \leqslant 120$ 时，两者规律相一致，水力梯度均呈现明显的降低现象，而在后续时间段内，迎水坡水力梯度随时间增大逐渐升高直至稳定状态，而背水坡水力梯度随时间增大逐渐降低直至稳定。迎水坡梯度最小值出现在 $t = 120$ 附近时刻，而背水坡梯度最小值出现在最终时间点处。

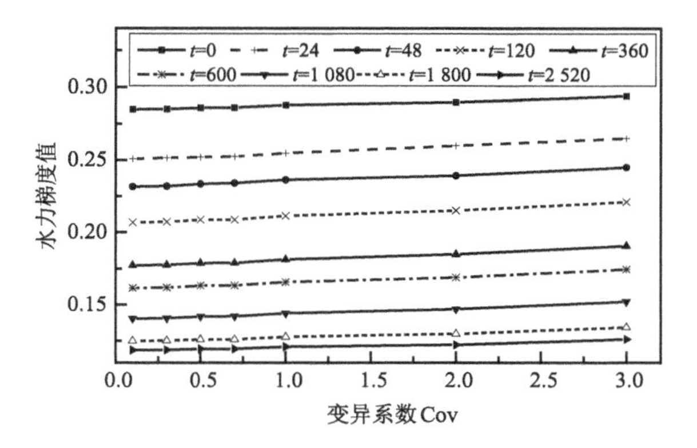


**图 4.28　水力梯度均值与变异系数关系曲线**

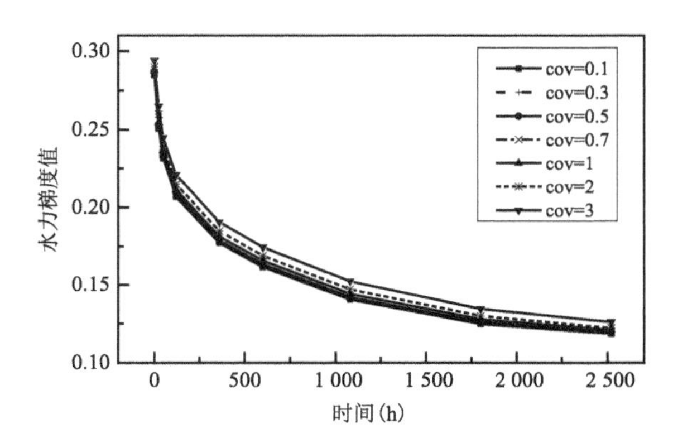


**图 4.29　水力梯度均值与时间关系曲线**

图 4.30 为背水坡坡脚附近水力梯度标准差与变异系数关系曲线，可以看到，9 个时间点对应曲线均随着变异系数的增大而升高，同时，变异系数较小时，各曲线斜率较大，随着变异系数的增大，曲线斜率逐渐降低，这说明了

梯度标准差最大值与变异系数呈正相关关系，且在变异系数较小时，水力梯度标准差增速较快，变异系数增大，相应的梯度标准差增速变慢。如图4.26所示，迎水坡各曲线之间间隔相对不均匀，在水位回落的初期，梯度标准差最大值变化呈现较为明显的差异性，而背水坡各曲线之间间隔相对均匀。

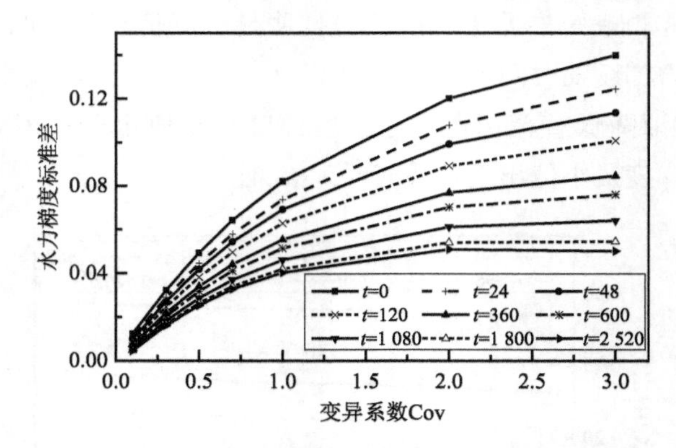


图 4.30 水力梯度标准差与变异系数关系曲线

图 4.31 为背水坡坡脚处水力梯度标准差与时间关系曲线，图中，不同变异系数对应曲线在 $0 \leqslant t \leqslant 48$ 时，均呈现出明显的降低趋势，说明此时梯度标准差降低很快；当 $48 < t \leqslant 360$ 时，变异系数取 1、2、3 时对应的曲线仍然降幅明显，而变异系数取 0.1～1 时对应的曲线变化较为平缓；当 $360 < t \leqslant 2\ 520$ 时，各曲线变化趋势均逐渐平缓，随着时间增大，对应的梯度标准差降低幅度较小且趋于 0，在 $t = 2\ 250$ 时附近，各曲线接近于水平的直线，变异系数较小值对应的曲线已经接近水平线，可认为对应的渗流场此时已经处于稳定

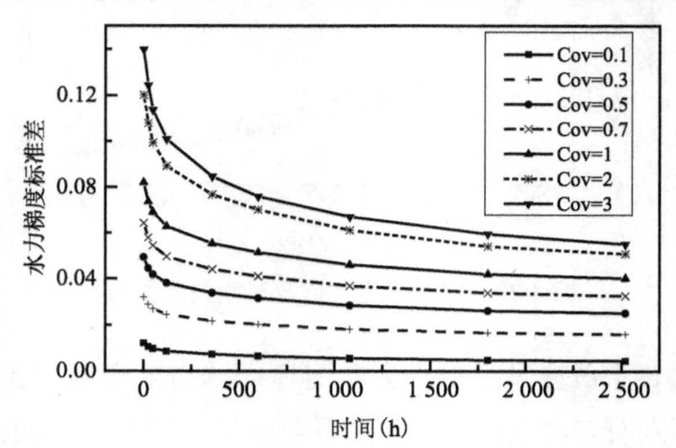


图 4.31 水力梯度标准差与时间关系曲线

阶段。与迎水坡相比较，见图 4.27，当 $0 \leqslant t \leqslant 48$ 时，两者梯度标准差均表现出急速降低趋势，且迎水坡梯度出现最小值；当 $48 < t \leqslant 2\,520$ 时，迎水坡梯度标准差随着时间增大逐渐缓慢增大，直至稳定状态，背水坡梯度标准差仍随着时间增大逐渐降低，直至稳定。

## 4.5　本章小结

将三维多介质随机场生成技术与堤防非稳定渗流有限元分析相结合，发展了一种求解堤防三维非稳定随机渗流场的方法。首先基于变分原理推导了三维非稳定渗流场有限元求解控制方程，并将控制方程分为 $I_1^e$，$I_2^e$，$I_3^e$ 三部分，其分别对应了水的连续性方程、单位贮水量和自由面变化时流进或流出的流量带来的影响。然后以八节点等参单元为例，详细推导了与 $I_1^e$，$I_2^e$，$I_3^e$ 相对应的单元 $K_{ij}^e$，$S_{ij}^e$，$P_{ij}^e$ 矩阵。由于由单元体积应变和水的压缩性引起的流量变化项可以忽略不计，故计算中略去了其对应项 $\boldsymbol{S}$ 矩阵的求解。非稳定渗流中对时间项的偏导，采用有限差分的方法进行处理，这样给定初始点的渗流场解答，即可用循环迭代的方法求解其他时间点处渗流场的解答。对自由面边界的积分计算采用数值积分的方法进行计算，首先将自由面边界曲面表示成其所穿过单元的局部坐标表示的形式，然后利用高等数学中的积分转换，将对曲面的数值积分表示为对其投影平面的平面积分形式，这样对自由面边界的曲面积分经过转换，成了对其在单元的局部坐标平面上投影的平面积分形式，进而求解 $\boldsymbol{P}$ 矩阵。最后通过两个算例，详细分析了堤防在水位上升时期和水位下降时期其非稳定渗流特性随变异系数变化的规律，分析结果主要包括以下几点：

（1）在堤防水位上升和水位下降时期，当不考虑土体材料的空间变异性时，计算所得的自由面位置和溢出点高程最高，在考虑渗透系数空间变异性时，随着变异系数由 0.1 逐渐增大到 3，计算所得的自由面位置和溢出点高程均随着变异系数的增大而相应降低，在变异系数取 3 时，自由面和溢出点高程取最小值。分析其原因，作者认为，随着变异系数的增大，土体的不均匀性增强，渗透系数偏离其均值的范围也越大，水在渗流过程中遇到渗透系数较小的单元时，会偏向于从该单元周围渗透系数较大的单元内流过；同时考虑重力的作用下，在自由面渗流过程中，水总是从高处向低处流动，因此，变异系数增大，相应的自由面位置和高程降低。

（2）在堤防水位上升和水位下降时期，节点总水头均值随着变异系数的增大呈现出一致的降低特性，分析其原因，作者认为，这是由于变异系数增大时，自由面和溢出点高程降低导致的，自由面降低时，堤防内部部分节点的总水头值降低，进而导致其均值降低。在水位上升和下降时期，节点总水头标准差均值均随着变异系数的增大而增大，其变化规律与总水头均值变化规律相反。

（3）堤防水位上升时期，节点总水头均值及其标准差均值随着时间的增加而增大，这是由于时间增加时，上游水头增加，进而引起节点总水头及其标准差增大。上游水位变化明显时，相应的水头标准差均值上升较快，当水位达到最高点以后，标准差上升速度逐渐变缓。水位下降时，节点总水头均值及其标准差随时间变化规律与上升时期相反。

（4）堤防水位上升时期和下降时期，两个观测点处水力梯度及其标准差呈现出相似的规律，都随着变异系数的增大而增大。这是由于，变异系数一定程度上反映了某个变量偏离其均值的程度，在相同的过程和时间节点上，水力梯度随渗透系数变异系数的变化规律应呈现较强的一致性。

（5）堤防水位上升时期，迎水坡坡脚附近水力梯度值及其标准差最大值随着时间的推移，呈现相似的规律，在水位上升的初期阶段，水力梯度及其标准差随着时间的推移急速上升，并且达到了整个非稳定渗流的最大值，在上游水位稳定后，随着时间的推移，水力梯度及其标准差缓慢降低，最终取值趋于稳定。这说明了水位上升时的危险时刻出现在初期阶段。水位下降时期，迎水坡坡脚附近水力梯度及其标准差最大值随时间变化规律与上升时期相反，在水位下降初期阶段，梯度和标准差最大值急速降低，且达到了整个非稳定渗流的最小值，在上游水位稳定后，随着时间的推移，水力梯度及其标准差缓慢增加，直至趋于稳定解答。

（6）堤防水位上升时期，背水坡坡脚观测点水力梯度及其标准差随时间变化呈现相似的规律，在水位上升初期阶段，梯度和标准差急速增加，在上游水位稳定后，其增加速度明显降低；水位下降时期，梯度和标准差急速降低，在上游水位稳定后，其降低速度明显变缓。

# 第五章

# 三维饱和/非饱和随机渗流场联合求解方法研究

## 5.1 引言

随着科学技术和人们认识的发展，针对大型复杂化渗流问题，越来越多的学者选择应用大型商业软件进行分析，其中，ABAQUS 是在世界范围内被广泛认可的软件之一，但该软件并未考虑参数随机性的影响，更不能解决现存堤防土体的强变异性问题，为了拓展软件的应用范围，获得更多针对堤防强变异性问题的研究手段，本章基于三维多介质随机场模型和 ABAQUS 渗流模块，发展了一种联合求解随机渗流的方法。通过在众多堤防、引水蓄能水电站、心墙坝、面板坝等工程项目中的应用验证了本章计算程序的正确性。由于软件的计算结果是相对可信的，故将本章的计算结果与第三章三维随机渗流计算程序所得结果相比较，验证了第三章程序的正确性。

基于 LAS 技术的三维多介质随机场生成方法可以快速地生成由多种材料组成的网格化的三维随机场模型，模型中各种材料可以单独赋予不同的变异系数和相关尺度，在设定材料属性服从概率分布函数后，经过自上而下的切割过程，可给不同材料单元赋予不同的材料属性值，然后将不同材料进行组装，则可得到整体模型的随机场分布。这种随机场生成技术与有限单元法有着天然的亲和性和适配性，随机场模型中，各个随机场单元可与实体模型的网格形成一一对应的映射关系，通过简单的函数转换，即可把随机场映射到实体模型当中。

## 5.2 随机渗流场联合求解方法的提出

在岩土工程学科中，针对某个问题进行研究时，常用的研究手段有三种：

1)采用理论推导进行研究;2)采用实验手段进行研究;3)采用数值方法进行研究,这里先不考虑前两种方法,仅就数值方法的手段进行探讨。根据所研究问题的特性,例如连续性问题、不连续问题、静力学问题、动力问题等,通常需采用不同的分析方法。表 5.1 给出了常见的数值分析方法。

在选定拟采用的数值分析方法后,可利用国际上通用的大型商业软件进行分析,或基于基本理论,开发相关计算程序进行分析。其中常用的基于有限元法的软件有 ANSYS、ABAQUS、Geostudio、COMSOL、ADINA 等;基于有限差分法的软件有 FLAC2D、FLAC3D 等;基于离散元法的软件有 PFC3D、UDEC 等。这些软件被全世界的科研工作者运用,其分析结果也得到了学者们的一致认可。考虑商业软件分析结果的可靠性,本章拟发展一种基于目标分析的三维多介质随机场生成技术与有限元商业软件联立求解岩土工程渗流问题的方法。

**表 5.1 常用的数值分析方法**

| 常用数值分析方法 | | | | | |
|---|---|---|---|---|---|
| 有限单元法(FEM) | 有限差分法(FDM) | 边界元法(BEM) | 有限体积法(FVM) | 离散元法(DEM) | 数值流形法(NMM) |

对具体问题进行数值分析时,单一的商业软件往往不能完全满足需要,此时,需要根据具体问题,自主编写部分计算程序。如石根华提出了关键块体理论和不连续变形分析理论,并基于此编写了著名的 DDA 程序,发展了一种可用于分析岩体材料不连续变形分析的数值方法。石根华基于数值流形方法,发展了一种可同时求解不连续变形问题和连续性问题的数值方法 NMM,并编写了相关程序。

对所有问题,都采用自主编程是不可取的,此时往往需要在读懂他人程序的基础上对已有程序进行修改,以适应新的问题。程序的阅读、修改和调试是一项非常繁琐的工作,现有大部分程序在编写的时候没有相应地写下详细的程序结构和功能说明文档,因此,首先需要花较多的时间去详细阅读源程序,弄清逻辑关系和每个变量的含义;其次需要花费大量的时间用于改进程序,并进行调试,使其满足拟实现的问题。现阶段常用于岩土工程编程的语言和工具有 FORTRAN、C、C++、MATLAB 软件和 EXCEL 软件,基于 FORTRAN 语言编写的程序,多基于 FORTRAN66、FORTRAN90 编译环境，在现阶段常用的操作系统如 WINDOWS7、WINDOWS10 上，已经不支持这些编译环境，如要继续使用，需安装虚拟机或安装 WINDOWS XP 系统，这给程序的继续开发带来了不便。MATLAB 软件是基于矩阵运算的大型数值分析计算软件，其显著特点是可直接进行矩阵的运算，给程序编写带来巨大的便利性，但 MATLAB 编程逻辑显著区别于 FORTRAN、C、C++ 语言编程逻辑，因此常常会带来运算效率低下等问题，如要提高效率，需要熟练掌握 MATLAB 编程逻辑，并花费大量时间对程序进行修改。

针对三维多介质随机场问题，很少有商业软件能直接做到随机分析，另外由于随机分析采用的方法过于基础，并不满足所有问题的需要。为了将基于 LAS 技术的三维多介质随机场生成方法应用到更多的岩土工程问题中，本章尝试发展了一种基于目标分析的三维多介质随机场生成技术与有限元商业软件联立求解岩土工程具体问题的方法。对具体问题，将随机场生成的材料属性传递给商业软件，采用蒙特卡罗法进行多次分析并统计结果，得到所求问题的随机有限元解答。这样将给研究工作带来极大的便利，对新问题进行分析时，如果商业软件有成熟的分析模块，可立即对该问题进行随机有限元分析；如果提出了新的算法或本构，也可利用接口语言，对软件进行二次开发，然后进行有限元分析。

## 5.3　联合求解方法的设计思路和功能模块

### 5.3.1　设计思路

本章引言中提到的大型商业软件，对多种问题已经具备完善的分析模块，针对具体问题，有各种被广泛认可的本构模型可以选择。综合考虑本书提出的三维多介质随机场生成技术和软件本身的特点，作者设计思路的核心即为：生成软件可识别并能直接进行分析计算的模型文件，其中应包含计算所需的所有前置条件。作者在从事实际工程项目的过程中，常用的有限元分析软件为 ABAQUS，故本节基于 ABAQUS 软件对设计思路进行阐述。常规的有限元(渗流)分析包括以下几个步骤：

(1) Part 模块：基于具体问题建立不同的实体模块。

(2) Property 模块：将模型中不同的块体赋予不同的材料属性。

(3) Assembly 模块：将不同的模块装配成整体。

(4) Step 模块：依据问题的特性选择不同的本构或分析类别，设置不同分析步骤之间的顺序。

(5) Load 模块：设置模型各部位的约束条件；设置模型所承受的荷载；依据问题性质设定不同的边界条件等。

(6) Mesh 模块：将装配后的实体模型剖分成由单元和节点组成的有限元模型。

(7) Job 模块：在设置特殊的初始和边界条件后，直接提交任务进行计算。

虽然 ABAQUS 软件有良好的人机交互界面，但进行一次完整的分析仍然需要较长的时间，当分析步骤和边界条件较多时，设置繁琐，为保证正确性还要进行复核工作，当需要的计算量较多时，会带来很大的不便。ABAQUS 软件提供了由帮助文档直接建立有限元模型甚至直接建立 Job 求解的功能，基于此，作者在长期使用 ABAQUS 软件进行大型工程计算的同时，通过对 ABAQUS 6.14 帮助文档的深入研究[192]，采用模块化编程方式来实现上述(1)～(6)模块的功能，将生成的信息直接写入到 input 文件中，用以替代在人机交互界面执行上述操作。

### 5.3.2 功能模块实现方法

ABAQUS 可识别文件格式(.input 文件)主要由以下 10 个部分组成，由于 input 文件格式中各部分的顺序和人机交互界面中的顺序并不一致，因此编程过程中并不严格按照(5.3.1 节)中的顺序进行。作者所接触的实际工程项目均为堤防、土石坝、心墙坝、水电站等水利工程，故本小节结合 ABAQUS 中的渗流分析进行具体说明，如要考虑其他问题，可根据帮助文档提供的形式进行相应的修改。

(1) 头文件

头文件主要起到对模型和分析类型进行说明的功能，在此可定义模型的名称，说明模型是否含有历史文件，模型不同部分之间是否有接触等。

(2) 几何模型

几何模型主要包含整体模型中所含有的所有节点信息和单元信息。本章节分析为三维分析，故节点信息包含节点编号以及相对应的三维坐标信息，其具体表现形式如(5.1)所示：

$$\begin{aligned} &* Node \\ &n, \quad x., \quad y., \quad z., \end{aligned} \tag{5.1}$$

其中 $n$ 为单元编号。

单元信息主要由单元类别,单元编号,单元节点编号组成,其表现形式如(5.2)所示:

$$\begin{aligned} &* Element,\ type = \\ &ne, \quad , \quad , \quad , \quad , \quad , \quad , \quad , \quad , \end{aligned} \tag{5.2}$$

其中,type 为单元类别,ABAQUS 中有庞大的单元类别库,可以针对不同的问题选择合适的单元类别,$ne$ 为单元编号,各个逗号间隔内为单元所包含的节点编号。至此生成了仅包含单元和节点信息的模型几何文件。

(3) 功能性的单元和节点集合

由于该方法全部的操作均包含在文件内,故需要对后续有可能进行操作的所有节点和单元进行分类,并整理成集合形式,方便以后赋予材料属性、加载边界条件等相关操作。节点和单元集合的表现形式如(5.3)所示:

$$\begin{aligned} &* Nset,\ nset = name,\ generate \\ &Min, \quad Max, \quad interval \\ &* Elset,\ elset = name,\ generate \\ &Min, \quad Max, \quad interval \end{aligned} \tag{5.3}$$

命令中 name 指所生成的节点或单元集合名称,$Min$,$Max$,$interval$ 分别指起始编号、终止编号和间隔。对于复杂边界条件或者模型内部的区块,所包含的节点和单元集合编号往往没有规律,此时可采用逐一列出的方式进行赋值。需要注意的是,ABAQUS 中边界条件是加载在节点上的,因此需要根据边界条件的不同来编制程序,用来计算不同边界条件所对应的节点编号集合。对于水头边界条件,可由式(5.4)将其转换为孔压:

$$Por = \gamma(H - Z_i) \tag{5.4}$$

其中,$\gamma$ 为水的重度,$H$ 为边界水头,$Z_i$ 为边界上某点在竖直方向的坐标。对于复杂边界,水头分布成曲线形式,可将曲线分为有限个分段连续的光滑曲线,并将分段曲线表示成多项式(5.5):

$$Por = ax^3 + bx^2 + cx + d \tag{5.5}$$

式中，$a$，$b$，$c$，$d$ 为系数，可由已知点的水头经数值拟合得出。

(4) 定义材料截面信息，设置局部坐标系

对于各向异性分析，软件需要定义局部坐标系来确认渗透张量等信息对应的坐标指向，对一般模型来说，默认即可满足需求。软件通过截面信息对不同的单元组合赋予不同的材料属性，因此，此处需要定义的截面个数与模型材料数相等，其表现形式如(5.6)所示：

$$* Solid\ Section,\ elset = ename,\ orientation = Ori - 1,\ material = name \tag{5.6}$$

其中 $ename$ 指(3)中定义的单元结合名称，$name$ 指此处定义的截面名称。

(5) 装配信息

此处将(1)～(4)中生成的所有信息装配成实体模型，模型中包含以上步骤中的所有信息，其表现形式如(5.7)所示：

$$\begin{aligned} &* Assembly,\ name = Assembly\ name \\ &* Instance,\ name = Model\ name,\ part = part\ name \\ &* End\ Instance \\ &* End\ Assembly \end{aligned} \tag{5.7}$$

其中，Assembly name 为指定的装配名称，Model name 为指定的实体名称，Part name 为指定的部件名称，这个命令含义是指选择指定的实体、部件进行装配。

(6) 设定振幅 Amplitude

ABAQUS 中采用 Amplitude 函数来处理随时间变化的边界条件。首先将输入的边界随时间的变化曲线离散成分段连续的函数，然后在各段函数上取有代表性的点，并用各点的值来代表其在不同时间点上的边界条件取值，其表现形式如(5.8)所示：

$$\begin{gathered} * Amplitude,\ name = AMP - 1 \\ t_0.,\quad v_0.,\quad t_1.,\quad v_1.,\quad t_2.,\quad v_2. \end{gathered} \tag{5.8}$$

其中 $AMP-1$ 为某 Amplitude 函数名，$t_i$，$v_i$ 分别为各个离散点所对应的时间点和函数值，针对不同的曲线，离散点的个数并无上限，但值得注意的

是，由于 AMP 函数定义的是边界值随时间的变化趋势，故最少需要有 2 个离散点。

通过设定多个离散 AMP 函数即可将堤防迎水坡水位随时间变化的边界条件输入到软件中。

(7) 设定材料属性

材料属性指常规意义上的材料密度、弹性模量、渗透张量等，此模块与模块(4)中的材料截面信息一一对应，通过对材料的各种物理参数赋值，将材料属性传递到截面信息当中，材料属性表现形式如(5.9)所示：

$$\begin{aligned} & * Material,\ name = M1 \\ & * property \\ & value, \end{aligned} \tag{5.9}$$

其中，$M1$ 为指定的材料属性名称，其命名方式与截面类似，并相互关联，property 为材料的固有物理属性，根据实际分析类型选取不同的类别，如密度、弹性模量、渗透系数等。对于正交各向异性渗透张量来说，其赋值语句如(5.10)所示：

$$\begin{aligned} & * Permeability,\ specific = \gamma.,\ type = ORTHOTROPIC \\ & k_{xx},\quad k_{yy},\quad k_{zz},\quad e \end{aligned} \tag{5.10}$$

其中，$\gamma$ 为水的重度，$k_{xx}$，$k_{yy}$，$k_{zz}$，$e$ 分别为土体在 $x$，$y$，$z$ 坐标轴方向上的渗透系数和孔隙比。ABAQUS 内部是以一个折减系数 $k_i$ 来考虑饱和度对渗透系数的影响，如果不做其他设定，软件默认非饱和渗透系数计算公式如式(5.11)所示：

$$\begin{aligned} & k_u = k_i \cdot k \\ & k_i = \begin{cases} (S^3) & S < 1.0 \\ 1 & S \geq 1 \end{cases} \end{aligned} \tag{5.11}$$

式中，$k_i$ 为渗透系数折减系数，$S$ 为有效饱和度，$k$ 为饱和渗透系数，$k_u$ 为非饱和渗透系数。软件中饱和非饱和渗透系数的折减系数和有效饱和度之间的关系由表格输入，形式如(5.12)所示：

$$
\begin{aligned}
&*Permeability,\ Type = SATURATION\\
&k_1,\quad s_1\\
&k_2,\quad s_2
\end{aligned}
\tag{5.12}
$$

其中 $k_i$,$s_i$ 分别为渗透系数折减系数和土体有效饱和度。

(8) 输入土水特征曲线(SWCC)

土体的基质吸力随着土体含水量或饱和度的变化而变化,两者的关系曲线称为土水特征曲线,该曲线反映了土体的基质吸力和含水量之间的动态变化关系,在自然界中,一般土体含水量降低,相应的基质吸力增加,造成土体吸水持水能力降低;当土体含水量降低,基质吸力随之增大,进而土体的吸水持水能力增强,因此土水特征曲线在非饱和渗流分析中发挥着关键的作用,根据土水特征曲线可以推导出非饱和区土体单元的非饱和渗透系数、体积应变等。

ABAQUS 软件提供两种输入土水特征曲线的方法,分别为表格输入和函数输入。

1) 表格输入

对某种土体来说,可以采用直接测量土水特征曲线的实验方法,得到一系列揭示吸力和含水量之间关系的离散数据点,通过曲线拟合离散点即可得到土水特征曲线的数学表达。表格输入即在土水特征曲线上选取合适的离散点,将其对应的基质吸力和饱和度以表格的形式输入到软件中,经过内部运算,即可获得实时的土体单元非饱和渗透系数,对于三种常用的预测或者拟合模型:BC 模型、VG 模型、FX 模型所得土水特征曲线,均可采用表格输入的方法进行输入,其表达形式如(5.13)所示:

$$
\begin{gathered}
*Sorption,\quad type = absorption,\quad law = tabular\\
u_w,\quad S
\end{gathered}
\tag{5.13}
$$

其中,$u_w$ 为软件默认的基质吸力表达形式,且需要满足 $u_w \leqslant 0$, $S$ 为土体有效饱和度,取值范围为 $0.01 \leqslant S \leqslant 1$。需要注意的是,从第二行开始为离散点的数值表达行,每个点的数值占用一行空间,土水特征曲线整体至少由两个以上离散点的函数值构成。

2) 函数输入

采用函数时,需要分别定义吸湿曲线和脱水曲线,ABAQUS 可直接输入如式(5.14)形式的土水特征曲线：

$$
\begin{aligned}
u_w &= \frac{1}{B}\ln\left[\frac{S-S_r}{(1-S_r)+A(1-S)}\right], \quad S_{r1}\leqslant S<1 \\
u_w &= u_w\Big|_{S_{r1}} - \frac{\mathrm{d}u_w}{\mathrm{d}S}\Big|_{S_{r1}}(S_{r1}-S), \quad S_r\leqslant S<S_{r1}
\end{aligned}
\tag{5.14}
$$

式中，$u_w$ 为软件默认的基质吸力表达式，$S_r$ 为残余饱和度，$S_{r1}$ 的默认值为一稍大于 0.01 的数，且满足 $0.01\leqslant S_r<S_{r1}$。

图 5.1 为理论求解的吸湿或脱水曲线，可以看到，当饱和度 $S$ 趋近于 $S_r$ 时，基质吸力趋近于 $\infty$，当在软件中采用函数输入土水特征曲线时，就会在内部迭代计算中出现基质吸力为极大值的情况，此时渗透系数趋近于 0，在模型内部非饱和区域会出现基质吸力突然升高、渗透系数急剧下降的情况，由于有限元方法是基于连续性假设的一种数值方法，这种情况有可能在材料属性突变处产生奇异点，造成计算分析困难，严重延长计算时间。同时在自然气候和地质情况下，也较难出现饱和度趋近于残余饱和度、基质吸力无穷大的情况。故软件在设计过程中，对类似水土特征曲线这种出现突变的曲线采取了如图 5.1 所示的方法，在曲线变化较为缓和处，图中为 $S_{r1}\leqslant S<1$ 时，曲线严格按照理论所得进行计算；当曲线斜率趋近于无穷大时，图中为 $S_r\leqslant S<S_{r1}$ 时，给定 $S_{r1}$ 一个确定值，该值稍微大于 $S_r$，在 $S_{r1}$ 点做土水特征曲线的切线，与直线 $S=S_{r1}$ 相交于点 $(S_r, -u_w\mid S_r)$。当 $S_r\leqslant S<S_{r1}$，用曲线的切线替代土水特征曲线的理论曲线，此时，土体基质吸力的取值区间由 $[0, +\infty)$ 转变为 $[0, -u_w\mid S_r]$。显然，经过上述处理后，土体土水特征曲线转变为一个分段连续的曲线，避免了基质吸力出现无穷大的情况，使对非饱和区域土体渗透系数的计算更加平滑和稳定。

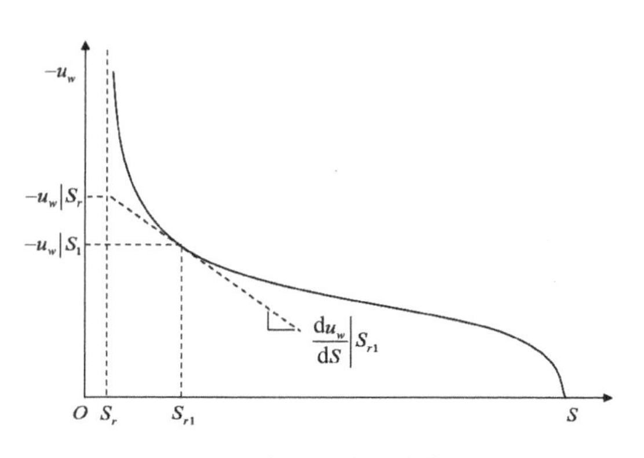

**图 5.1　理论吸湿或脱水曲线**

定义吸湿曲线的语句形式如(5.15)所示：

$$* Sorption, \quad type = absorption, \quad law = \log \\ A, \quad B, \quad S_r, \quad S_{r1} \tag{5.15}$$

定义脱湿曲线的语句形式如(5.16)所示：

$$* Sorption, \quad type = exsorption, \quad law = \log \\ A, \quad B, \quad S_r, \quad S_{r1} \tag{5.16}$$

其中，log 指按照函数定义土水特征曲线；$A$，$B$ 为土体参数，可由实验确定或已知离散点经公式拟合得出，同时需满足 $0.01 \leqslant S_r < S_{r1}$。

(9) 定义初始分析步中的初始场变量和单元节点自由度

在饱和非饱和渗流计算过程中，需要首先求解初始渗流场，由于初始渗流场往往按照稳定渗流场计算，因此在计算之前，需要人为指定一些初始的场变量，如土体初始孔隙率，初始饱和度，需要说明的是，软件只是需要一个初始值来开始迭代计算，在后续的计算中会根据实际情况计算各部位的实际孔隙比和饱和度。因此，此处可根据实际情况，给定初始场。定义初始饱和度和孔隙比语句形式如(5.17)所示：

$$* Initial\ Conditions, type = SATURATION \\ Set\ name, \quad \text{value.} \\ * Initial\ Conditions, TYPE = RATIO \\ Set\ name, \quad \text{value.} \tag{5.17}$$

其中 Set name 指步骤(3)中定义的某个节点集合或单元集合，value 为人为指定的初始孔隙比或者饱和度取值。

自由度约束的语句形式如(5.18)所示

$$* Boundary \\ Set\ name, first\ \text{degree}, last\ \text{degree} \tag{5.18}$$

其中，Set name 为(3)中定义的某些节点或单元集合，first degree 和 last degree 分别为序列第一个和最后一个自由度。

(10) 设定后续分析步

软件中，在初始分析步之后，任一其他类型的分析步均包含一个完整的有限元求解分析，分析步由以下部分组成：1)分析步名称；2)分析步类型；3)分析步的边界条件和初始条件；4)荷载条件；5)需要输出的分析结果。

1）分析步名称，由于边界条件与时间有关，因此在不同的时间段，需要进行不同的分析，为了区别起见，给每个分析步设定不同的名称，其表现形式如(5.19)所示：

$$* Step,\ name = Step\ name \tag{5.19}$$

其中，Step name 为给定的分析步名称。

2）分析步类型

一个完整的分析往往包括初始分析步和后续分析步，具体的分析步类别需要根据所求解的问题进行选择，设定分析步类型的语句如(5.20)所示，Step name 为根据需要选择的分析步名称。

$$* Soils,\ consolidation,\ end = PERIOD,\ utol = 100. \tag{5.20}$$

其中，Soils 和 consolidation 指明该分析步为土体本构中的固结分析；PERIOD 指明该分析步为瞬态分析，即分析过程与时间相关；utol 用来设定软件内的时间周期，需要根据分析目的进行设定。

3）分析步的边界条件和初始条件

渗流分析只是众多物理力学问题分析中的一种，因此边界条件的设定多种多样，这里针对所分析的堤防渗流问题，直接给出渗流分析边界条件的表示形式如(5.21)所示。

定水头边界：

$$Soils-1.name,\ 8,\ 8,\ por\ pressure. \tag{5.21}$$

其中，name 指(3)中指定的某个节点集合或需要施加边界条件的节点编号；por pressure 指节点集合或单个节点上承受的孔压值，具体数值可由公式(5.4)或(5.5)计算得出。

动水头边界表示形式如(5.22)所示：

$$\begin{aligned} &* Boundary,\ op = NEW,\ amplitude = Amp-1 \\ &Set\ name,\ 8,\ 8,\ magnitude. \end{aligned} \tag{5.22}$$

其中 $op = NEW$ 为可选项，此处指移除前分析步的所有边界条件，并重新赋予新的边界；$amplitude = Amp-1$ 指定在(6)中设定的名称为 $Amp-1$ 的函数为新的边界。

由于在新的分析步中，边界条件可能与上一分析步不同，需要将前分析步中的边界条件移除，并输入新的边界条件。

4）荷载条件

在渗流分析中，主要的荷载条件为重力荷载，其设定语句如(5.23)所示：

$$\begin{aligned}&*Dload\\&GRAV,\ g.,\ g_x.,\ g_y.,\ g_z.\end{aligned}\tag{5.23}$$

其中，$g$ 为重力加速度，$g_x$，$g_y$，$g_z$ 为重力加速度在 $x$，$y$，$z$ 方向上的分量，竖直方向取值为－1，在其他垂直于竖直方向的坐标轴上其值为 0。

5）需要输出的分析结果

这里用来设定输出结果的类型，在渗流分析中，一般选择孔压、流量、流速、饱和度等作为输出对象，设置输出的语句形式如(5.24)所示：

$$\begin{aligned}&*Output,\ field\\&*Node\ Output\\&POR,\ RVF\\&*Element\ Output,\ directions=YES\\&FLVEL\end{aligned}\tag{5.24}$$

式中，POR，RVF，FLVEL 分别为孔压、流量、流速。如果分析问题需要更多的分析步，可依据本小节内容设置多个分析步，以满足分析需求。

大型通用商业化有限元软件往往不能直接计算各节点的水力梯度，而进行渗流分析时，水力梯度是一个关键性的分析结果，因此，作者在默认渗流分析的基础上进行了二次开发，可计算渗流场内的水力梯度。

经过(1)～(10)的过程，即可生成能直接被 ABAQUS 软件识别的 input 文件，可根据该文件直接建立分析任务并进行分析。

### 5.3.3 程序的编制

由于采用蒙特卡罗法进行三维随机有限元分析，需要实现全自动生成可识别的 input 文件，作者基于 FORTRAN 语言环境，依照上述(1)～(10)的文件结构，编制了对应的 FORTRAN 程序，只需提供整体模型的单元信息、节点信息、边界条件和初始条件对应的单元和节点信息、水位上升随时间的函数关系，即可生成所需的 input 文件。程序流程如图 5.2 所示：

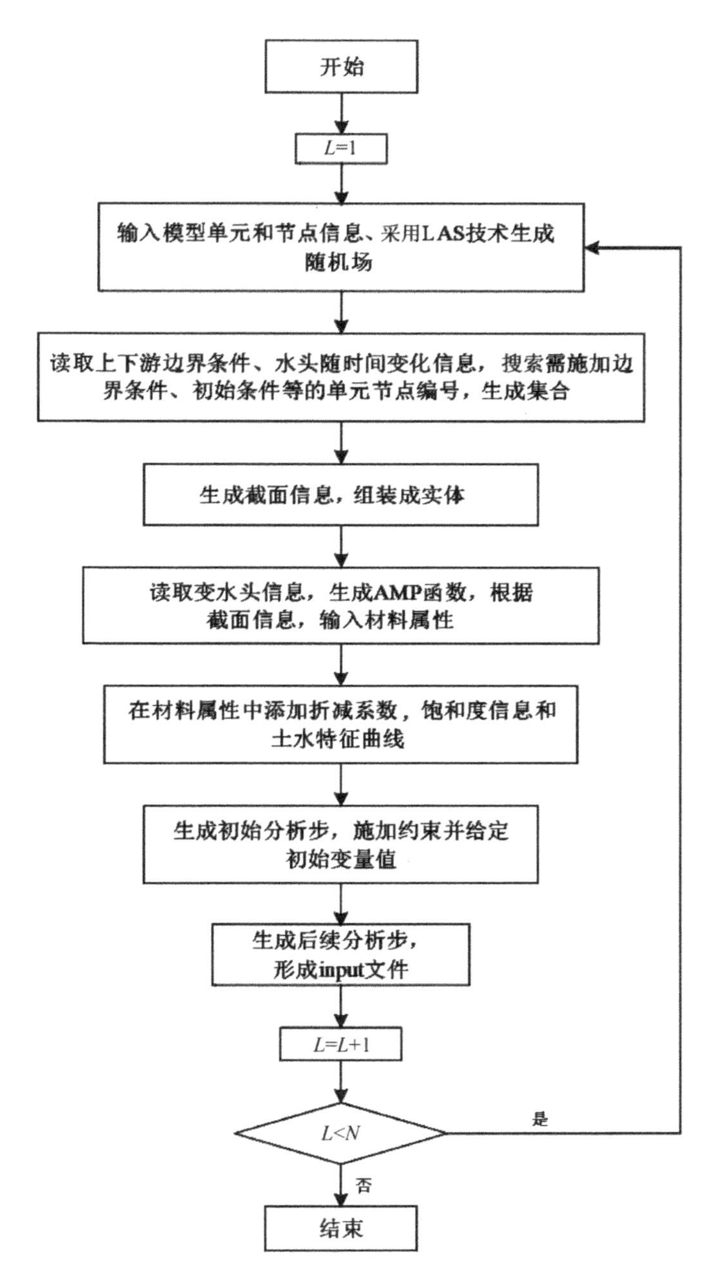
开始
L=1
输入模型单元和节点信息、采用LAS技术生成随机场
读取上下游边界条件、水头随时间变化信息，搜索需施加边界条件、初始条件等的单元节点编号，生成集合
生成截面信息，组装成实体
读取变水头信息，生成AMP函数，根据截面信息，输入材料属性
在材料属性中添加折减系数，饱和度信息和土水特征曲线
生成初始分析步，施加约束并给定初始变量值
生成后续分析步，形成input文件
L=L+1
L<N
是
否
结束

图 5.2　程序流程图

### 5.3.4 程序验证

本程序是在作者长期进行大型工程项目三维建模和有限元数值分析的基础上编写和不断完善的，主要针对工程实际中大型心墙坝、面板坝、引水隧洞、引水蓄能水电站及地下厂房、河流湖泊堤防等的三维渗流问题。上述工程多具有占地面积广、地质条件复杂等特点，特别是水电站、拦河坝多位于山区，山体地势起伏多变，内部常伴有多条断层带发育，岩溶或透镜体多有发育，且山体走势又造成了地下水位分布不均，模型水头边界条件复杂的问题，这给实体三维建模带来了很大的难度。岩土工程中常用的大型有限元商业软件有 ABAQUS、FLAC3D 等，对于较为简单的模型，可直接在软件内建立，而对于大型复杂化的三维模型，本书选择在大型商业软件 ANSYS 中进行三维建模和剖分工作，通常上述工程实际的三维模型约包含 600 000 个单元，200 000 万个节点。完成后，将 ANSYS 中离散后的三维模型导入 ABAQUS 中，进行下一步的运算。

本程序由四个阶段分别编写完成，每个阶段程序的编写分别解决了对应的实际问题。

(1) 编写了最初的接口程序，解决了模型转换问题，可将 ANSYS 中的实体模型转换到 ABAQUS 中，且模型之间具有完全的一致性。

(2) 由于转换后的模型仅包含单元和节点，在施加边界条件、选择特殊结构面时需要对大量的节点进行操作，给工作带来了极大的困扰，基于此，根据边界条件和分析目的，编写了计算程序，可将需要操作的节点生成多组集合。

(3) 在对速洼龙围堰进行三维有限元分析时，设计方对围堰和大坝分别提出了 21 种工况，且每种工况均需要进行 3 次完整的计算，对于单次计算，需要在人机交互界面分别设置边界条件、分析步、设置输出等。由此，进一步完善了程序，编写了可直接生成包含所有边界条件、分析步、约束、输出设置等的程序，大大简化了计算量。

(4) 在对速洼龙心墙坝进行渗流分析时，设计方提出需分析动水头情况下模型的渗流特性。作者从饱和非饱和渗流理论出发，在充分阅读研究 ABAQUS 帮助文档的基础上进一步完善了程序，可将土水特征曲线和动水头边界条件按照格式化的形式输入到文档中，以满足计算的需求。

该程序自编制后，已经在 12 个实际工程中进行了应用，极大地简化了人为操作因素，提高了工作效率。图 5. 3 为某引水蓄能水电站引水系统及其地下厂房的三维有限元模型，将山体及多条断层带、引水系统和地下厂房分别单独建模，并进行组装形成整体模型，其中模型单元数为 723 180 个，节点数为 128 810 个。

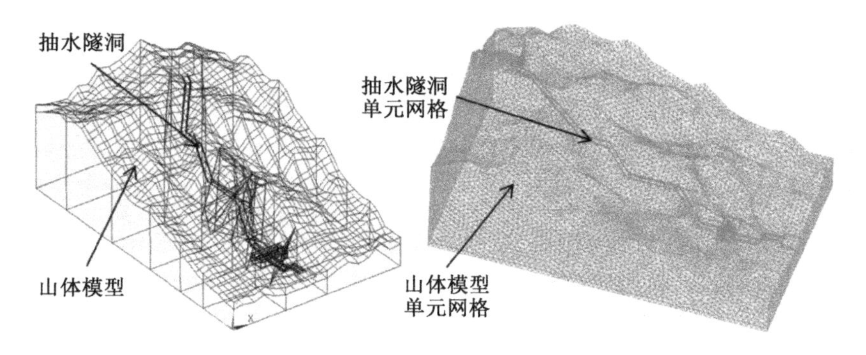


图 5.3　某抽水蓄能电站引水系统及地下厂房三维模型

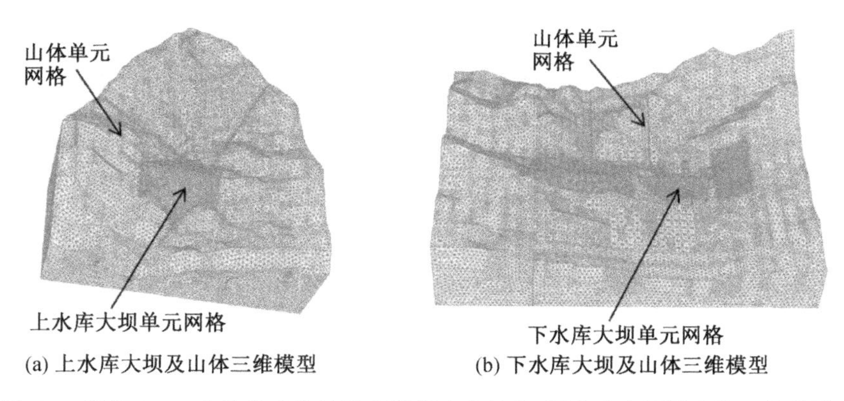


(a) 上水库大坝及山体三维模型　　(b) 下水库大坝及山体三维模型

图 5.4　基于 input 文件生成的某引水蓄能水电站上、下水库大坝及山体三维模型

图 5.4 为由 input 文件直接生成的某引水蓄能水电站上下游水库大坝的三维有限元模型，将山体及断层带、上游大坝、下游大坝单独建模，并进行组装形成整体模型，其中上游水库模型单元数为 898 525 个，节点数为 160 302 个；下游水库模型单元数为 426 395 个，节点数为 78 205 个。计算结果符合一般性的规律，其中，当断层段带和引水隧洞、排水隧洞等水工结构物发生变化时，计算结果随之改变。

## 5.4 基于联合求解的堤防三维稳定随机渗流场分析

### 5.4.1 模型

计算模型采用第三章3.4节算例中的堤防模型，各部位渗透系数取值如表3.1所示。上游水位高程31 m，下游水位24 m，渗流状态为稳定渗流。随机场离散时变异系数取0.7，竖直方向相关尺度 $\theta_y$ 取3 m，水平向相关尺度 $\theta_x$ 和 $\theta_z$ 取24 m，设置运行次数 $N=100$ 次，生成100个input文件，软件基于生成的input文件进行100次计算，并对软件计算的结果进行分析。图5.5为软件基于的input文件生成的三维有限元模型，可以看到，整体模型的随机场由包含7 488种不同材料属性的单元组成，其中任意单元的材料属性均由本书发展的三维多介质随机场生成技术映射而来。

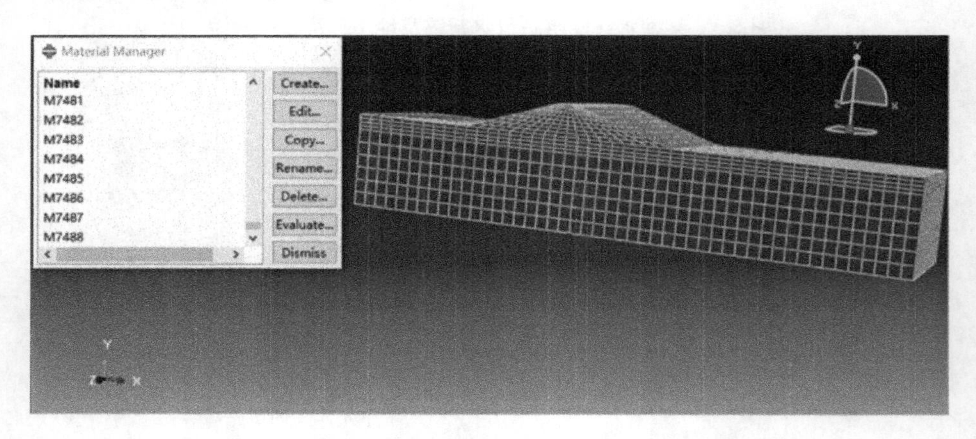


图5.5 基于input文件生成的堤防三维有限元模型

### 5.4.2 联合求解所得自由面、总水头及流速分析

在利用ABAQUS软件的渗流模块进行稳定渗流场分析时，可输出渗流场各节点孔压、流量、流速等变量，但软件的渗流模块并不能输出变量的梯度，因此在本分析中不考虑水力梯度的分布情况。图5.6为某次计算得出的三维渗流场孔压分布图，图中顶部黑色和蓝色交界处孔压为0。在渗流计算中，渗流自由面上的点和溢出点上的总水头等于其位置水头，因此这些点处

的孔压为 0，此时，可近似地认为 0 孔压所代表的曲面与背水坡的交界线即为堤防背水坡的溢出点。可以看到，由于考虑了随机场的影响因素，溢出面与下游边界的交界不再为一条直线，而是沿着堤防走向在一定范围内上下波动，溢出点的分布呈现出一定的规律性，其高程没有出现无序的上下随机波动，而是在相邻区域呈现出较强的一致性。由于考虑了随机场的因素，水平方向较大的相关尺度使土体的材料属性在更大的范围内趋于均匀，这使得该区域内渗流场响应量的变化规律相对均匀。

虽然这仅仅只是一次分析得出的结果，但从某种意义上来说，图 5.6 所示的渗流场孔压分布才与实际更加吻合，这不仅说明了随机因素对堤防渗流分析的重要性，也说明了本章提出的随机场生成技术与 ABAQUS 软件相结合方法的正确性。

图 5.7 为单次计算得出的渗流场流速分布云图，可以看到，背水坡坡脚处，沿堤防纵向流速变化较大，数量级变化范围为 $10^{-8}$ m/s 到 $10^{-7}$ m/s，这是

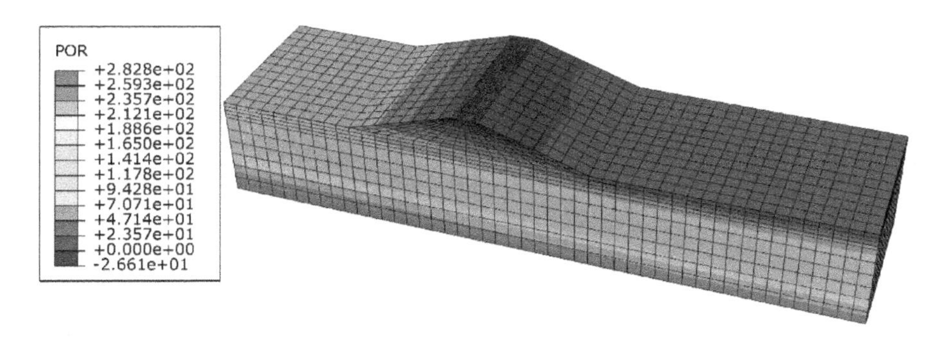


**图 5.6 渗流场孔压分布云图**

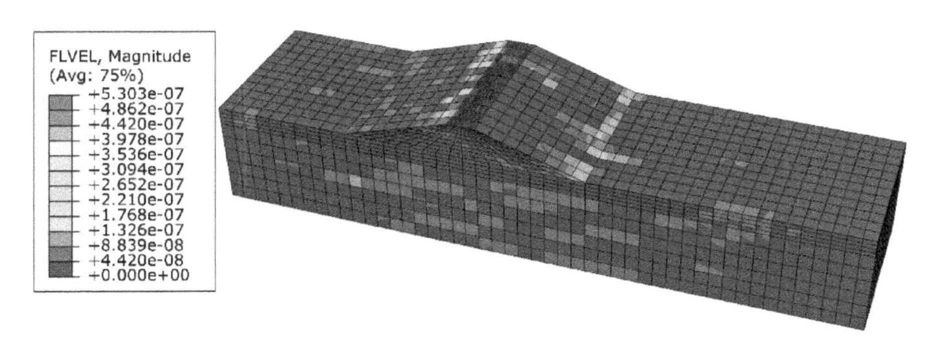


**图 5.7 渗流场流速分布云图**

由于考虑随机场的影响、土体材料分布不均匀造成的。堤基部分流速数量级多为 $10^{-9}$ m/s，只在材料属性变化较大处，流速数量级才有所提升。显然，在实际问题中，背水坡坡脚处的渗流场流速也不可能沿堤防走向处处相等，而是应在某一个区间内上下波动，因此考虑随机场的影响得出的渗流场分布与实际情况更加吻合。

堤防渗流分析中，节点总水头、计算孔压和位置水头之间存在的关系如式(5.25)所示：

$$H = \frac{por}{\gamma} + Z \tag{5.25}$$

其中 $H$ 为节点总水头，$por$ 为节点孔压，$\gamma$ 为水的重度，$Z$ 为节点位置水头，本例中，其数值上等于节点 Y 轴坐标值。

对十次软件计算的渗流场结果中的节点孔压按式(5.25)转换后可求得各节点总水头，为了方便起见，分别求得单次计算结果的节点总水头均值、每十次计算的节点总水头均值、一百次计算的节点总水头均值、一百次计算的节点总水头标准差均值，并将计算结果在表 5.2 中进行统计。

**表 5.2 联立求解得到的总水头均值和标准差**

| 变异系数 | 相关尺度 | 计算次序 | 十次节点总水头均值(m) | 百次节点总水头均值(m) | 节点总水头标准差均值(m) |
|---|---|---|---|---|---|
| 0.7 | $\theta_x = 24$ m<br>$\theta_z = 24$ m<br>$\theta_y = 3$ m | 1 | 27.728 702 81 | 27.755 089 33 | 0.187 953 066 |
| | | 2 | 28.159 523 67 | | |
| | | 3 | 27.532 352 46 | | |
| | | 4 | 27.793 688 03 | | |
| | | 5 | 27.115 658 08 | | |
| | | 6 | 27.430 820 66 | | |
| | | 7 | 27.741 300 75 | | |
| | | 8 | 27.855 391 34 | | |
| | | 9 | 27.931 050 46 | | |
| | | 10 | 28.262 405 02 | | |

以最小值为参考时，其相对偏差计算公式可表示为式(5.26)的形式，其中 $\bar{H}$ 为某次计算总水头均值，由于最低水位高程为 24 m，分母取 $\bar{H}_{\min} - 24$。

$$err = \frac{\bar{H} - \bar{H}_{\min}}{\bar{H}_{\min} - 24} \times 100\% \tag{5.26}$$

可以看到，在表 5.2 中，一百次单独计算得到的节点总水头均值各不相同，其中最大值为 28.262 405 02 m，最小值为 27.115 658 08 m，以最小值为参考的相对偏差为 36.81%；当以总计算次数节点水头均值为参考时，最大值相对均值的偏差为 13.51%，最小值相对均值的偏差为 17.03%。当变异系数较大时，各次单独计算得到的水头均值相对误差也较大，水头误差较大又会引起水力梯度、流速、流量的变化，这会给实际的工程应用带来潜在的危险，因此，在某些情况下，随机因素的影响是一种十分重要的影响因素。由于本算例重点是为了说明三维多介质随机场生成技术和 ABAQUS 软件联合求解的可行性，并没有对多种变异系数和相关尺度的组合进行计算，这里仅给出本算例中的节点总水头标准差均值，并不对其进行过多分析。

**表 5.3　联合求解和程序计算结果对比表**

| | 联合求解 | 程序计算 | 相对误差 |
|---|---|---|---|
| 变异系数 | 0.7 | 0.7 | N/A |
| 各向异性比 | 8 | 8 | N/A |
| 计算次数 | 100 | 2 000 | N/A |
| 节点总水头均值(m) | 27.755 1 | 27.707 4 | 0.172% |
| 节点总水头标准差均值(m) | 0.187 95 | 0.198 77 | 5.441% |

由于软件的计算可靠性在世界范围内已经被广泛认可，因此，通过对比第三章程序计算和联合求解计算结果，可验证第三章编制计算程序的正确性。表 5.3 列出了两种计算方法的计算结果，其中总水头均值相差较小，相对误差为 0.172%；水头标准差均值差值为 0.010 82，相对误差为 5.441%。产生误差的原因，作者认为主要有两点：①计算方法有所不同：第三章计算程序中，对自由面进行计算搜索时，采用了改进初流量法，这种方法能有效地避免函数的不连续性，而联合求解基于 ABAQUS 软件渗流分析模块，属于常规的渗流计算理论；②计算次数不同：第三章分析中计算次数为 2 000 次，而本章主要为了说明联合求解方法的可行性，因此仅进行了 100 次计算。虽然由于以上两点原因，导致了两种方法计算结果存在一定的误差，但可以看

到，响应量误差控制较好，均处在一定的范围内，这也同时说明了两种计算方法的正确性。

### 5.4.3 联合求解的优势与存在的问题

在用有限元软件进行相关问题的计算分析时，采用本章节发展的联合求解方法进行处理，可大大地节省人工操作的时间，跳过在软件中进行模型输入、边界设置、分析步选择，特殊集合的选取和组合等一系列复杂的相关操作，直接进行计算求解，使科研工作者可以将时间集中在具体问题的求解和分析过程当中，避免在前处理中浪费过多的时间。

联合求解的方法，解决了软件计算中前处理繁琐冗长的问题，但对于计算结果的快速有效分析，在现阶段，还没有找到合适的方法，主要原因是，不同的软件有各自独特的数据结构，对大量多次的结果文件，常规方法很难有效地自动去除软件的结果说明文档和特殊设置，进而直接识别需要的数据。通常需要人为地对软件结果进行区分筛选，将对应的结果信息进行单独处理后，才能批量地进行快速分析。因此，在现阶段，当问题需要求解的次数较少时，可方便地利用本章提到的联合求解方法快速地生成模型、计算分析、并对结果进行处理，得到需要的结果；而当问题需要的求解次数巨大时，虽然仍可方便生成多次分析需要的 input 文件，但对其结果的统计分析仍然需要较多的人工和较长的时间。为了解决这个问题，在以后的工程计算中，作者会逐步学习软件工程和数据库的相关知识，以求寻找到该问题的解决方法。

## 5.5 本章小结

本章发展了一种基于三维多介质随机场模型和有限元商业软件联合求解随机问题的方法，对一个实际问题，该方法先通过编制的程序得到符合软件需求的 input 文件，软件读取生成的文件可直接进行后续有限元分析并得到结果文件，通过对结果文件的统计分析，得出实际问题的解答。

在程序编制过程中，首先利用三维多介质随机场生成技术，生成与实体模型相吻合的随机场模型，然后将随机场单元的计算值映射到与之对应的实体模型单元材料属性中，形成了实体模型的材料随机场。其次，在深入研究 ABAQUS 帮助文档和文件结构的基础上，采用编程的形式生成软件可识别的 input 文件，基于 input 文件直接进行有限元计算，在 input 文件中，包含了软件模型中的头文件、几何模型、功能性的单元和节点集合、截面信息、装配信息、振幅函数、材料属性、分析步、边界条件和其他一些针对问题的具体特性而添加的相关信息，如非稳定渗流中的水位随时间变化曲线、饱和非饱和渗流分析中的土水特征曲线等。

在对 5.3.2 小节中列出的各功能模块进行分析时，针对各模块的特点，给出了关键性的定义语句，在实际使用中，可根据具体问题选择适合的形式，使程序具有一定的灵活性。在遇到新的问题时，可查阅 ABAQUS 帮助文档，获得新问题的具体功能模块及其相关定义语句的标准格式，然后将新的功能模块添加到程序中，检查修订无误后，即可运行生成满足新问题需要的 input 文件。

现阶段，联合求解方法仅适用于需要求解次数不多的随机问题，在本章 5.4 节算例中，100 次计算和结果分析过程在一个工作日内全部完成，而当需要的求解次数较多时，手动对结果进行统计分析仍然会占用较多的时间，这是联合求解方法现阶段遇到的最大问题，在以后的工程中，作者将逐步学习软件工程和数据库相关知识，以寻求对联合求解方法的改进。

尽管联合求解方法还存在较多的不足之处，但针对具体的问题，可将注意力集中在问题本身，避免长时间繁琐的计算分析过程。

第六章

# 堤防渗流破坏及整体失稳风险预测研究

## 6.1 引言

本书第四章将基于LAS技术的三维多介质随机场与三维非稳定渗流分析相结合，采用蒙特卡罗随机有限元分析方法，对堤防三维非稳定渗流进行了随机分析，得到了不同变异系数和不同时刻的渗流场节点总水头及其标准差、水力梯度及其标准差，为进一步求解堤防渗透破坏和边坡失稳概率提供了不可或缺的前提条件。水文风险和水力风险是堤防工程论证与设计时常要面对的两大风险，其表现形式可概括为洪水漫溢破坏、局部渗透破坏和堤防边坡整体失稳破坏，本章基于本书第4章的计算结果，分别对堤防的局部渗透破坏和边坡整体失稳破坏进行分析，并计算相对应的破坏概率。

常用的系统可靠度计算方法可分为理论近似求解和数值计算两种方法，其中，常用的理论分析求解方法有JC法、一次二阶矩法、高阶矩法和响应面法等。JC法又叫改进中心点法，适用于随机变量为任意分布下结构可靠度指标的求解，该方法因被国际结构安全度联合委员会（JCSS）采用而被称为"JC法"。在我国，《建筑结构设计统一标准》《水利水电工程结构可靠度设计统一标准》《铁路工程结构可靠性设计统一标准》等诸多标准中都规定采用JC法进行结构的可靠度计算。传统JC法进行计算时，常遇到可靠度取值震荡或不收敛的情况，因此应改善JC法的收敛情况，同时其功能函数常表示为均值和对随机变量一阶偏导的形式。对随机变量的标准差（变异系数）取值有一定要求，通常认为，采用一阶泰勒展开时，随机变量变异系数需小于0.3，在本章的分析中，当水力梯度变异系数小于等于0.3时，采用改进的JC法进行分析；当变异系数大于0.3时，采用蒙特卡罗法进行求解。

## 6.2 可靠度基本理论

可靠度(Reliability)也叫可靠性，是指由众多因素组成的系统或结构在规定的时间内、在规定的条件下，发挥预设作用、完成预定功能的能力，它包括结构的安全性、适用性和耐久性，当以概率来度量时，它被称为可靠度。

对于一个结构，其抵抗荷载的能力为 $R$，承受的外部荷载总和为 $S$，假设其安全系数 $F$ 可表示为下式：

$$F = R - S \tag{6.1}$$

显然地，只要满足 $R > S$，即结构本身抗力大于承受的总荷载，即可保证结构的安全。然而，在实际的情况中，往往满足了安全系数 $F$ 大于 1，但结构仍然会发生破坏，因此，这种安全评价方法并不可靠，为满足安全性要求，在传统的分析中往往引入分项系数的方法。在土木工程中，对建筑结构、边坡、基坑、水工结构等进行安全评估时，往往采用荷载分项系数法或安全系数法，如结构工程中，对承重梁荷载进行计算并配筋时，根据荷载类型的不同，将计算实际荷载与不同的荷载分项系数(大于 1)相乘，将荷载组合后，还应根据不同的组合采取不同的系数与计算总荷载相乘，这样，参与配筋计算的荷载与真实荷载相比较，往往有一个较大的安全富裕度，以此来保证结构的稳固。在边坡稳定性分析中，通常会采用安全系数法来判断其是否稳定，如果要留有较大的安全富裕度，可将安全系数的取值增大，如安全系数 $F$ 取1.2或一个更大的数，以此来保证边坡的安全。

产生这种现象的原因，是在分析结构的稳定性时，抗力和荷载都是已知或计算可知的确定值，此时得到的安全系数 $F$ 为确定性方法的解，忽略了实际中结构材料参数存在的诸多空间变异性。当考虑结构材料参数的空间变异性时，为了便于计算，往往采用均值和标准差等统计量来表征其随机性，此时假设其概率密度函数服从某种分布(也可无规律)，如图 6.1 所示，此时，如采用确定性的方法计算，计算变量 $R$ 和 $S$ 的实际取值分别为 $\mu_R$ 和 $\mu_S$，可得 $F = \mu_R - \mu_S$，显然安全系数大于 1，结构安全。然而由图可知，当在 $R$ 和 $S$ 的概率密度函数 $f(R)$ 和 $f(S)$ 的重叠区间(图 6.1 中阴影部分)取值时，存在 $R < S$ 的情况，此时 $F$ 取值小于 1，结构不安全，存在严重的失稳风险。可以看到，对于同一个问题，如果采用传统的确定性方法进行计算，可以得出安全

的结果，而如果考虑参数的随机性，由于抗力和荷载的概率密度函数可能存在重叠区域，在特定的情况下，可以得出结构存在失稳的可能，这也解释了现实中，当计算安全系数大于1时，结构仍然会出现失稳的现象。

传统的确定性安全系数法存在着其自有的局限性，为了保证结构的安全性，不得不设定较大的安全系数，保守的安全系数取值在很多时候造成了较大的浪费，而当安全系数取值较小时(仍大于1)，又很难保证结构的安全。因此合理的安全系数取值成了一个重要的问题。由于土木工程中接触的各种材料其性质存在着广泛的空间变异性，当可靠度分析考虑其随机性时，便产生了将材料属性视为随机变量的可靠度分析方法。

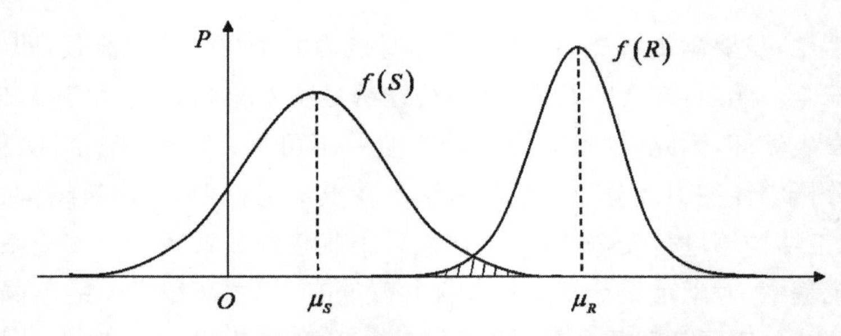


**图6.1 假定的结构抗力 *R* 和总荷载 *S* 概率密度函数示意图**

### 6.2.1 系统临界状态的功能函数

系统临界状态的功能函数是根据系统在临界状态下的力学特性或状态，而引入的一组描述系统临界状态的函数。设 $X$ 为一组互相独立的影响系统结构功能的随机变量，定义随机变量函数 $Z=g(X)$ 为系统的功能函数，其有三个基本性质：

(1) 当 $Z>0$ 时，系统处于稳定状态，不会破坏，此时，$Z>0$ 的概率称为系统可靠度，记作 $P_r$。

(2) 当 $Z<0$ 时，系统处于不稳定状态，系统失效，此时 $Z<0$ 的概率称为系统失效概率，记作 $P_f$。

(3) 当 $Z=0$ 时，系统处于临界状态，此时 $Z=g(X)=0$ 成为系统临界状态功能函数。

在实际应用中，对于一组互相独立的随机变量 $X_1, X_2, \cdots, X_n$，常将起到维护系统安全性的随机变量即抗力记作 $R_i$，将系统承受的荷载记作 $S_i$，此时系统的功能函数可表示为式(6.2)的形式。

$$Z = g(R_1, R_2, \cdots, R_{n1}, S_1, S_2, \cdots, S_{n2}) \quad (n1 + n2 = n) \tag{6.2}$$

### 6.2.2 求解系统可靠度的一次二阶矩法和 JC 法

一次二阶矩法是较早提出的一种求解结构可靠度的方法，其基本求解思路为将功能函数表示为各随机变量的函数表达式，对于线性或者非线性的功能函数，将其在随机变量均值点处表达为一阶泰勒级数展开式，然后近似求解展开后功能函数的期望和方差。假设 $X_1, X_2, \cdots, X_n$ 为影响系统可靠性的 $n$ 个互相独立的随机变量，其均值为 $\mu_{X_i}$，标准差为 $\sigma_{X_i}$，其功能函数可表示为式(6.3)：

$$Z = g(X_1, X_2, \cdots, X_n) \tag{6.3}$$

将功能函数 $Z$ 在随机变量均值点 $S^*(\mu_{X_1}, \mu_{X_2}, \cdots, \mu_{X_n})$ 处泰勒展开且保留一次项可得式(6.4)：

$$Z \approx g(\mu_{X_1}, \mu_{X_2}, \cdots, \mu_{X_n}) + \sum_{i=1}^{n}\left(\frac{\partial g}{\partial X_i}\right)(X_i - \mu_{X_i}) \tag{6.4}$$

分别对式(6.4)求期望和方差可得：

$$\begin{aligned} E(Z) &= g(\mu_{X_1}, \mu_{X_2}, \cdots, \mu_{X_n}) \\ &\quad + \sum_{i=1}^{n}\left(\frac{\partial g}{\partial X_i}\right) \cdot \sum_{i=1}^{n}(E(X_i) - \mu_{X_i}) \\ &= g(\mu_{X_1}, \mu_{X_2}, \cdots, \mu_{X_n}) \end{aligned} \tag{6.5}$$

$$\sigma_Z^2 = E[Z - E(Z)]^2 = \sum_{i=1}^{n}\left(\frac{\partial g}{\partial X_i}\right)^2 \sigma_{X_i}^2 \tag{6.6}$$

此时，含有 $n$ 个随机变量的系统可靠度指标 $\beta$ 可表示为式(6.7)：

$$\beta = \frac{\mu_Z}{\sigma_Z} = \frac{g(\mu_{X_1}, \mu_{X_2}, \cdots, \mu_{X_n})}{\sqrt{\sum_{i=1}^{n}\left(\left.\frac{\partial g}{\partial X_i}\right|_{S=S^*}\right)^2 \sigma_{X_i}^2}} \tag{6.7}$$

对系统各随机变量进行正态变换，可得：

$$X'_i = \frac{X_i - \mu_{X_i}}{\sigma_{X_i}} \tag{6.8}$$

其中，$X'_i$ 为正态变换转换后的随机变量表达式，将式(6.8)代入式(6.4)可得：

$$Z \approx g(\mu_{X_1}, \mu_{X_2}, \cdots, \mu_{X_n}) + \sum_{i=1}^{n} \left(\frac{\partial g}{\partial X_i}\right) X'_i \sigma_{X_i} \tag{6.9}$$

显然，式(6.9)为一个由系统所包含各个随机变量所组成的超平面方程，各随机变量均值点 $S^*(\mu_{X_1}, \mu_{X_2}, \cdots, \mu_{X_n})$ 到该超平面的距离可表示为式(6.10)：

$$d = \frac{g(\mu_{X_1}, \mu_{X_2}, \cdots, \mu_{X_n})}{\sqrt{\sum_{i=1}^{n} \left[\left.\frac{\partial g}{\partial X_i}\right|_{S=S^*}\right]^2 \sigma_{X_i}^2}} = \beta \tag{6.10}$$

显然，系统各随机变量均值点 $S^*$ 到平面的距离与求得的系统可靠度指标相等，因此可认为，系统可靠度指标 $\beta$ 的几何意义为系统随机变量均值点 $S^*(\mu_{X_1}, \mu_{X_2}, \cdots, \mu_{X_n})$ 到由功能函数所构成的超平面的距离。对于非线性功能函数，各随机变量的均值点 $S^*$ 常位于可靠区域内，而不在极限界面上，导致了可靠度计算误差较大，并且随着线性化后的计算点到极限界面的距离增大而增大，因此难以在实际中进行应用。

JC 法是 Rackwitz 和 Flessler[154]，Hasofer 和 Lind[155]等人提出的验算点法，可用于求解随机变量概率密度函数为任意分布的系统可靠度指标的计算，JC 法基本原理是将服从任意概率密度函数的系统随机变量 $X_i$ 通过正态变换转换为服从正态分布的随机变量 $Y_i$，计算空间也随之由 $X$ 空间转换为 $Y$ 空间，$\beta$ 值的计算与一次二阶矩法类似，可以方便地通过多次迭代求出。

当采用当量正态化法进行正态变换时，需满足以下两个条件，如图6.2所示：1）原概率密度函数值 $f_X(x_i^*)$ 与当量正态分布概率密度函数值 $f_Y(x_i^*)$ 相等，如公式(6.11)所示；2)原概率分布函数值 $F_X(x_i^*)$ 与当量正态函数概率分布函数值 $F_Y(x_i^*)$ 相等，如公式(6.12)所示。

$$f_X(x_i^*) = f_Y(x_i^*) \tag{6.11}$$

$$F_X(x_i^*) = F_Y(x_i^*) \tag{6.12}$$

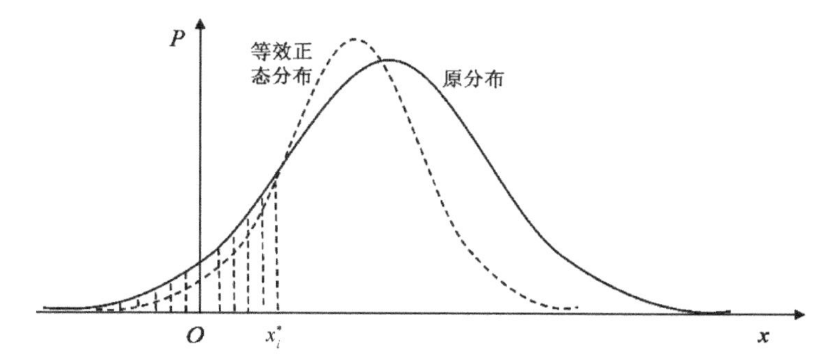


**图 6.2　等效正态分布与原分布概率密度和分布函数关系**

设 $X_1, X_2, \cdots, X_n$ 为影响系统可靠性的 $n$ 个互相独立的随机变量，其均值为 $\mu_{X_i}$，标准差为 $\sigma_{X_i}$，其极限状态功能函数如式(6.3)所示，令 $S^*(X_1^*, X_2^*, \cdots, X_n^*)$ 为定义的验算点，将功能函数在验算点 $S^*$ 展开为泰勒级数形式，且保留一次项，此时，功能函数可表示为式(6.13)形式：

$$Z \approx g(X_1^*, X_2^*, \cdots, X_n^*) + \sum_{i=1}^{n} \frac{\partial g}{\partial X_i^*}\bigg|_{S=S^*} (X_i - X_i^*) = 0 \quad (6.13)$$

令 $Y_i = \dfrac{X_i - \mu_{X_i}}{\sigma_{X_i}}$，$X_i \sim N(0, 1) \quad (i=1, 2, \cdots, n)$，则将随机变量从 $X$ 空间转换为到 $Y$ 空间，与 $S^*$ 对应的验算点为 $S'(Y_1^*, Y_2^*, \cdots, Y_n^*)$，此时功能函数可表示为：

$$Z' \approx f(Y_1^*, Y_2^*, \cdots, Y_n^*) + \sum_{i=1}^{n} \frac{\partial f}{\partial Y_i}\bigg|_{S=S^*} (Y_i - Y_i^*) = 0 \quad (6.14)$$

求解功能函数的期望和方差可得：

$$E(Z') = E[f(Y_1^*, Y_2^*, \cdots, Y_n^*)] + \sum_{i=1}^{n} \frac{\partial f}{\partial Y_i}\bigg|_{S=S^*} [E(Y_i) - Y_i^*] \quad (6.15)$$

由于 JC 法中，验算点位于极限界面上，此时 $f(Y_1^*, Y_2^*, \cdots, Y_n^*) = 0$，代入式(6.15)可得：

$$E(Z') = \sum_{i=1}^{n} \frac{\partial f}{\partial Y_i}\bigg|_{S=S^*} [E(Y_i) - Y_i^*] \quad (6.16)$$

$$\sigma_{Z'}=\sqrt{\sum_{i=1}^{n}\left(\frac{\partial f}{\partial Y_i}\bigg|_{S=S^*}\right)^2} \tag{6.17}$$

考虑到随机变量 $Y_i$ 服从标准正态分布，系统可靠度指标 $\beta$ 可表示为式(6.18)：

$$\beta=\frac{\sum_{i=1}^{n}\frac{\partial f}{\partial Y_i}\bigg|_{S=S^*}[E(Y_i)-Y_i^*]}{\sqrt{\sum_{i=1}^{n}\left(\frac{\partial f}{\partial Y_i}\bigg|_{S=S^*}\right)^2}}=\frac{-\sum_{i=1}^{n}\frac{\partial f}{\partial Y_i}\bigg|_{S=S^*}Y_i^*}{\sqrt{\sum_{i=1}^{n}\left(\frac{\partial f}{\partial Y_i}\bigg|_{S=S^*}\right)^2}} \tag{6.18}$$

令各随机变量的方向余弦为式(6.19)：

$$\cos\theta_{Y_i^*}=\frac{-\sum_{i=1}^{n}\frac{\partial f}{\partial Y_i}\bigg|_{S=S^*}}{\sqrt{\sum_{i=1}^{n}\left(\frac{\partial f}{\partial Y_i}\bigg|_{S=S^*}\right)^2}} \tag{6.19}$$

将式(6.19)代入式(6.18)可得：

$$\beta=\sum_{i=1}^{n}\cos\theta_{Y_i^*}Y_i^*,\quad \sum_{i=1}^{n}\cos^2\theta_{Y_i^*}=1 \tag{6.20}$$

将随机变量从 $Y$ 空间转换回 $X$ 空间，有：

$$X_i=\mu_{X_i}+\cos\theta_{Y_i^*}\beta\sigma_{X_i} \tag{6.21}$$

显然，存在 $\frac{\partial f}{\partial Y_i}\bigg|_{S=S^*}=\frac{\partial g}{\partial X_i}\bigg|_{S=S^*}\cdot\sigma_{X_i}$，代入式(6.19)可得：

$$\cos\theta_{Y_i^*}=\frac{-\sum_{i=1}^{n}\frac{\partial g}{\partial X_i}\bigg|_{S=S^*}\cdot\sigma_{X_i}}{\sqrt{\sum_{i=1}^{n}\left(\frac{\partial g}{\partial X_i}\bigg|_{S=S^*}\cdot\sigma_{X_i}\right)^2}} \tag{6.22}$$

对于验算点，存在：

$$g(X_1^*,X_2^*,\cdots,X_n^*)=0 \tag{6.23}$$

通过式(6.21)～(6.23)进行迭代运算，即可求出多组系统可靠度指标 $\beta$，当前后两次迭代得出的 $\beta$ 值之差满足公式(6.24)条件时，计算收敛，迭代结束。

$$\Delta\beta = |\beta_n - \beta_{n-1}| \leqslant \varepsilon \tag{6.24}$$

其中，$\varepsilon$ 为根据精度需要给定的一个足够小的值，进而求出失效概率 $P_f$，如式(6.25)所示：

$$P_f = 1 - \Phi(\beta_n) \tag{6.25}$$

### 6.2.3　可靠度指标 $\beta$ 的几何意义

由公式(6.14)可知，在转换空间 $Y$，极限状态超曲面方程可表示为：

$$\sum_{i=1}^{n} \frac{\partial f}{\partial Y_i}\bigg|_{S=S^*} (Y_i - Y_i^*) = 0 \tag{6.26}$$

均值点 $S'(\mu_{Y_1}, \mu_{Y_2}, \cdots, \mu_{Y_n})$ 到此超曲面的距离为：

$$d = -\frac{\sum_{i=1}^{n} \frac{\partial f}{\partial Y}\Big|_{S=S^*} (Y_i^* - \mu_{Y_i})}{\sqrt{\sum_{i=1}^{n}\left(\frac{\partial f}{\partial Y_i}\Big|_{S=S^*}\right)^2}} = \frac{-\sum_{i=1}^{n} \frac{\partial f}{\partial Y_i}\Big|_{S=S^*} Y_i^*}{\sqrt{\sum_{i=1}^{n}\left(\frac{\partial f}{\partial Y_i}\Big|_{S=S^*}\right)^2}} = \beta \tag{6.27}$$

显然，系统可靠度指标 $\beta$ 的几何意义就是在转换后的 $n+1$ 维标准正态分布空间 $(Z', Y_1, Y_2, \cdots Y_n)$ 中，坐标原点 $O'$ 到极限状态超平面 $Z'=0$ 的最短距离，即 $\beta = d_{\min}$，如图 6.3 所示：

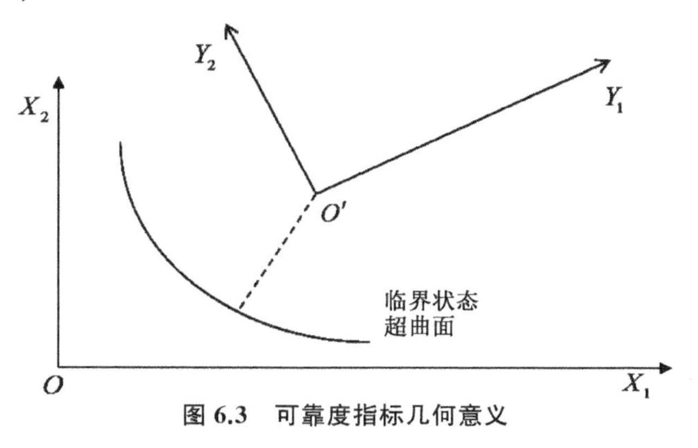


图 6.3　可靠度指标几何意义

## 6.3 基于拉格朗日算子的改进 JC 法

将 JC 法应用于实际工程当中，常会发现在某些情况下出现不收敛或需要很多次迭代收敛的现象，例如当验算点 $S^*(X_1^*, X_2^*, \cdots, X_n^*)$ 的初始值选取不当，会在迭代过程中出现计算所得可靠度 $\beta$ 值以某点为中心反复震荡的现象，此时往往需要极大的迭代次数才能收敛，甚至在某些极端情况下，在中间迭代步中计算所得的中间验算点 $S'(X_1^*, X_2^*, \cdots, X_n^*)$ 超出定义范围，导致计算不收敛。为了缩短极端情况下的迭代次数和避免不收敛的现象出现，本书基于拉格朗日算子对 JC 法进行了改进。

由 6.2.3 小节可知，由 JC 法求得的系统可靠度指标 $\beta$ 为在转换后的 $n+1$ 维标准正态分布空间 $(Z', Y_1, Y_2, \cdots Y_n)$ 中，坐标原点 $O'$ 到极限状态超平面 $Z'=0$ 的最短距离，则求解系统可靠度 $\beta$ 转化为式(6.28)所示的最优解问题：

$$\begin{cases} \boldsymbol{Y}=(Y_1, Y_2, \cdots Y_n)^{\mathrm{T}} \\ \beta=\min\left(\sum_{i=1}^{n} Y_i^2\right)^{\frac{1}{2}} \\ f_Y(Y_1, Y_2, \cdots Y_n)=0 \end{cases} \tag{6.28}$$

式中，$(Y_1, Y_2, \cdots Y_n)$ 为当量正态化转换后 $Y$ 空间内的随机变量，其概率密度函数服从标准正态分布，$\beta$ 为 $Y$ 空间内临界状态超曲面上的验算点到坐标原点的距离，$f_Y(Y_1, Y_2, \cdots Y_n)=0$ 为 $Y$ 空间内临界状态超曲面的表达式。为求得 $\beta$ 的极小值，将拉格朗日算子引入到方程组(6.28)中，并构造拉格朗日函数 $L(Y_i)$：

$$\begin{aligned} L(Y_i) &= \beta^2+\lambda f_Y(Y_1, Y_2, \cdots Y_n) \\ &= Y_1^2+Y_2^2+\cdots+Y_n^2+\lambda f_Y(Y_1, Y_2, \cdots Y_n) \end{aligned} \tag{6.29}$$

在式(6.29)中，$\lambda$ 为拉格朗日算子，根据高等数学知识可知，如果要求得方程组(6.28)所代表问题的最优解答，拉氏函数 $L(Y_i)$ 需同时取得最小值，此时问题转化为求使方程组(6.30)同时成立的解。

$$\begin{cases}\dfrac{\partial L(Y_i)}{\partial Y_1}=2Y_1+\lambda\dfrac{\partial f_Y(Y_i)}{\partial Y_1}=0\\\dfrac{\partial L(Y_i)}{\partial Y_2}=2Y_2+\lambda\dfrac{\partial f_Y(Y_i)}{\partial Y_2}=0\\\vdots\\\dfrac{\partial L(Y_i)}{\partial Y_n}=2Y_n+\lambda\dfrac{\partial f_Y(Y_i)}{\partial Y_n}=0\\\dfrac{\partial L(Y_i)}{\partial \lambda}=f_Y(Y_i)=0\end{cases}\tag{6.30}$$

显然，方程组(6.30)由 $n+1$ 个方程组成，由于在 $Y$ 空间内，系统随机变量为相互独立的标准正态随机变量，对于系统的不同力学模式破坏问题，方程组(6.30)中各式通常可表示为一线性等式，因此，可快速地迭代求解出 $n+1$ 元方程组的解：

$$\boldsymbol{Y}^*=(Y_1^*, Y_2^*, \cdots Y_n^*)^{\mathrm{T}}\tag{6.31}$$

此时，所得到的解同时也为 $Y$ 空间临界状态超曲面上到坐标原点距离最短的点。将式(6.31)代入式(6.28)可求得可靠度 $\beta$ 的极小解。

$$\min\beta=(\sum_{i=1}^{n}Y_i^2)^{\frac{1}{2}}\tag{6.32}$$

## 6.4　堤防分区破坏力学模型及风险概率分析

堤防渗透破坏是一种常见的破坏模式，在国内众多河湖堤防段中多有发生，且具有初发时规模小、不易发现，且分布范围广泛的特点。在洪水期，堤防的众多断面均有可能发生渗透破坏，如不及时治理，随着时间的增加，水土流失加重，局部的渗透破坏可能发展成堤防整体破坏，给人民生命财产带来严重威胁，并会给国家造成特别重大的经济损失。工程上常用的渗透破坏判断依据是将不同计算区域内的最大水力梯度值 $J_{max}$ 和该区域内土体的临界水力梯度值 $J_{cr}$ 进行比较，当 $J_{max}>J_{cr}$ 时，发生渗透破坏；当 $J_{max}<J_{cr}$ 时，不发生渗透破坏，结构安全。由本章(6.2)节可知，当用于判断的变量存在一定的随机性时，如图 6.1 所示，依据确定性指标所得判断标准将存在一定的

误差，此时计算结果在某些情况下将不能保证其正确性。文献[193-199]在对堤防或防洪堤进行风险分析或随机有限元分析时，将土体参数视为随机变量，考虑了随机渗流场的影响，还进行了堤防渗流破坏可靠性分析。李锦辉等[200]将土体渗透系数视为随机变量，采用梯度优化法计算了随机稳定渗流场下的渗流破坏可靠度。梯度优化法求解时，首先将系统随机变量正交展开，其功能函数在随机变量的均值点处展开为一阶泰勒展开式，进而求解可靠度$\beta$。以上分析中，往往将功能函数表示为式(6.33)形式：

$$g(X)=J_{cr}-J_{max} \tag{6.33}$$

分析中，往往假设$J_{max}$和$J_{cr}$为服从某种分布的随机变量，通过数值方法得到其相关统计量，然后计算其可靠度指标。通常在进行渗流场的数值求解时，往往将临界水力梯度$J_{cr}$视作一个确定量，而对于最大水力梯度$J_{max}$，则有较多的求解方法，特别是随着随机有限元的发展，越来越多的学者对随机渗流场进行了分析，这都给最大水力梯度的求解提供了有力的参考依据。

根据式(6.33)所示功能函数，求解得出的系统可靠度是根据渗流场最大水力梯度值进行分析的，然而在随机渗流场中，水力梯度值也呈现明显的变异性，通过各种随机方法计算得出的各点水力梯度值和标准差各不相同，显然，由于不同点的水力梯度变异性并不相同，因此，渗透破坏并不一定发生在水力梯度最大处，即在最大水力梯度值处求得的系统可靠度并不一定为堤防渗透破坏的最小可靠指标，因此在求解堤防渗透破坏风险概率时需要对整个随机渗流场进行分析，通过比较求得风险概率的极小值。

### 6.4.1 堤防分区渗透破坏功能函数

由堤防结构出发，堤防局部渗流破坏可分为堤身渗流破坏和堤基渗流破坏，从图 6.4 可以看出，堤身渗流破坏又可分为两部分：(1)迎水坡区域渗流破坏，对应图中区域①；(2)背水坡区域渗流破坏，对应图中区域②；堤基渗流破坏主要发生在下游堤基处，对应图中区域③。

依据破坏类型，渗流破坏主要分为流土和管涌两种破坏类型，流土是在渗流力作用下，当土颗粒间有效应力等零时，颗粒群会发生悬浮或移动的现象，常先发生在堤防背水坡渗流出口处，然后向堤基内部延伸，具有较强的突发性，对工程危害极大。管涌是在渗流力作用下，较细的土颗粒沿着土体骨

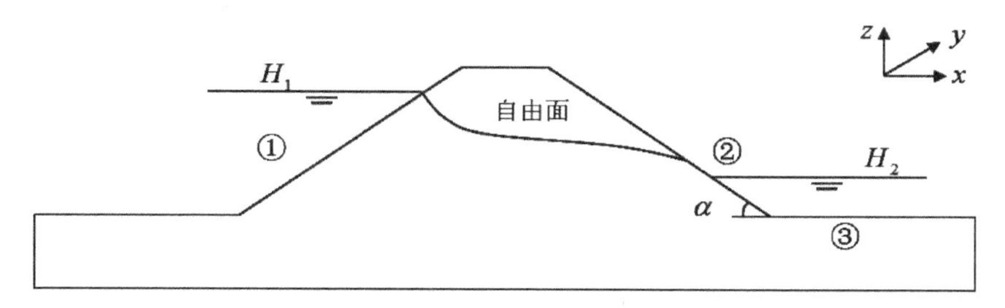


**图 6.4 堤防渗透破坏分区示意图**

架形成的孔隙，随着渗流作用被冲刷带走的现象，管涌可发生在堤防渗流出口处，也可发生在堤防内部，但当冲刷带走的细颗粒遇到致密的土层时，又可能在局部产生富集沉淀。总的来说，流土的危害性较管涌更为严重，当地方局部出现水力梯度值大于流土的临界水力梯度值时，将很快出现翻砂泉眼，紧接着就是较大面积的土体整体流出，由于其呈现出较强的突发性，如发现不及时，往往难以进行抢救从而造成严重破坏。而管涌则不同，在达到临界水力梯度时，土体最先出现少量细颗粒流失，随着时间的延长，流失的土体颗粒和规模逐渐增大，因而只要做好监测工作，及时发现管涌，采取行之有效的措施进行局部加固即可避免大范围管涌破坏的发生。

在求解临界状态功能函数时，分别在图 6.4 中所示的区域①～③中取一微元体进行受力分析，并将土体黏聚力 $C$ 和内摩擦角 $\varphi$ 视为抗力 $R$，将各点水力梯度 $J_i$ 视为荷载，进而得出针对不同区域的功能函数，图中 $H_1$ 为迎水坡水位，$H_2$ 为背水坡水位，当考虑非稳定渗流时，自由面位置和迎水坡水位是随时间变化的函数，此时需要根据实际情况确定相应的瞬时边界条件。

(1) 迎水坡临界状态功能函数求解

在堤防迎水坡水位变动时，区域①附近土体渗流破坏可能存在两种形式，形式 1：单元土体在渗流力作用下沿迎水坡坡面下滑产生破坏；形式 2：单元土体在渗流力作用下沿垂直坡面方向的冲顶破坏，由于此处并非进行整体稳定分析，故在受力分析时，可将平行于单元土体滑动方向的力忽略以简化计算。首先对单元土体沿坡面下滑产生破坏的情况进行分析，其受力分析如图 6.5(a)所示，由于单元土体的体积、各面面积及边长均可视为 1，在求解体力及面力时可省略体积项及面积项的表示，显然，此时系统的临界功能函数可表示为：

$$g(R, S)=\gamma_w J_z \sin\alpha + f_\varphi + C + \gamma_w J_x \cos\alpha - \gamma' \sin\alpha \tag{6.34}$$

其中，$f_\varphi=(\gamma'\cos\alpha-\gamma_w J_z \cos\alpha+\gamma_w J_x \sin\alpha)\tan\varphi$，$\alpha$ 为迎水坡与 $x$ 轴方向的夹角，$J_x$、$J_z$ 分别为单元土体在 $x$，$z$ 轴方向上的水力梯度，$C$ 为黏聚力，$\varphi$ 为内摩擦角，$\gamma_w$ 为水的容重，$\gamma'$ 为土体浮重度，$\tan\varphi$ 为土体内摩擦系数。将功能函数 $g(R, S)$ 分别对随机变量 $J_x$，$J_z$，$C$，$\varphi$ 求偏导，可得：

$$\begin{aligned}
&\frac{\partial g(R, S)}{\partial J_x}=\gamma_w \sin\alpha\tan\varphi+\gamma_w\cos\alpha\\
&\frac{\partial g(R, S)}{\partial J_z}=\gamma_w \sin\alpha-\gamma_w\cos\alpha\tan\varphi\\
&\frac{\partial g(R, S)}{\partial \varphi}=(\gamma'\cos\alpha-\gamma_w J_z\cos\alpha+\gamma_w J_x\sin\alpha)\sec^2\varphi\\
&\frac{\partial g(R, S)}{\partial C}=1
\end{aligned} \tag{6.35}$$

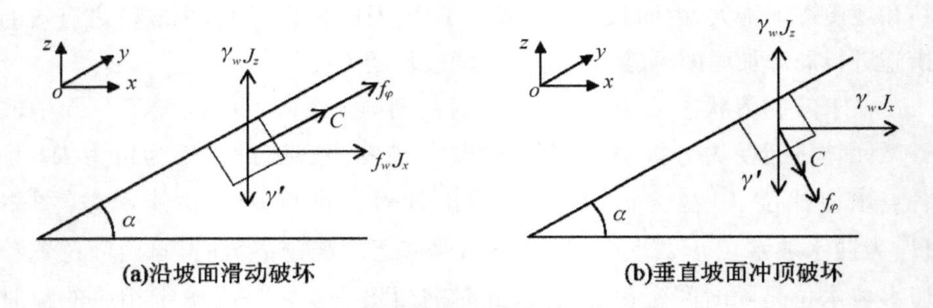


图 6.5 堤防迎水坡单位土体受力分析

对于破坏形式为土体在渗流力作用下沿垂直坡面方向冲顶破坏时，单元土体受力分析如图 6.5(b)所示，此时系统的临界功能函数可表示为：

$$g(R, S)=\gamma'\cos\alpha + f_\varphi + C - \gamma_w J_z \cos\alpha + \gamma_w J_x \sin\alpha \tag{6.36}$$

其中，$f_\varphi=(\gamma'\sin\alpha-\gamma_w J_x \cos\alpha-\gamma_w J_z \sin\alpha)\tan\varphi$，将功能函数 $g(R, S)$ 分别对随机变量 $J_x$，$J_z$，$C$，$\varphi$ 求偏导，可得：

$$\frac{\partial g(R,S)}{\partial J_x}=-\gamma_w\cos\alpha\tan\varphi+\gamma_w\sin\alpha$$
$$\frac{\partial g(R,S)}{\partial J_z}=-\gamma_w\sin\alpha\tan\varphi-\gamma_w\cos\alpha$$
$$\frac{\partial g(R,S)}{\partial \varphi}=(\gamma'\sin\alpha-\gamma_w J_x\cos\alpha-\gamma_w J_z\sin\alpha)\sec^2\varphi \tag{6.37}$$
$$\frac{\partial g(R,S)}{\partial C}=1$$

由图6.5可知，当水位上升时，渗流和水力梯度方向与冲顶破坏方向相反，此时，$J_z$ 方向竖直向下，在计算中应取负值。在式(6.36)所示的功能函数中，水力梯度是一种抗力，会减小迎水坡冲顶破坏的概率，因此在具体计算中，未考虑迎水坡冲顶破坏模式的可靠度和风险概率。

(2) 背水坡临界状态功能函数求解

在背水坡面区域②附近，堤防的破坏形式与区域①相类似，仍可分为顺坡面下滑破坏和垂直坡面冲顶破坏两种，单元土体的受力分析仍采用(1)中的方法进行简化，当土体沿坡面下滑产生破坏时，其受力分析如图6.6(a)所示，显然，此时系统的临界功能函数可表示为：

$$g(R,S)=\gamma_w J_z\sin\alpha+f_\varphi+C-\gamma_w J_x\cos\alpha-\gamma'\sin\alpha \tag{6.38}$$

其中，$f_\varphi=(\gamma'\cos\alpha-\gamma_w J_z\cos\alpha-\gamma_w J_x\sin\alpha)\tan\varphi$，将功能函数 $g(R,S)$ 分别对随机变量 $J_x$，$J_z$，$C$，$\varphi$ 求偏导，可得：

$$\frac{\partial g(R,S)}{\partial J_x}=-\gamma_w\sin\alpha\tan\varphi-\gamma_w\cos\alpha$$
$$\frac{\partial g(R,S)}{\partial J_z}=\gamma_w\sin\alpha-\gamma_w\cos\alpha\tan\varphi$$
$$\frac{\partial g(R,S)}{\partial \varphi}=(\gamma'\cos\alpha-\gamma_w J_z\cos\alpha-\gamma_w J_x\sin\alpha)\sec^2\varphi$$
$$\frac{\partial g(R,S)}{\partial C}=1 \tag{6.39}$$

对于破坏形式为土体在渗流力作用下沿垂直坡面方向的冲顶破坏时，单元土体受力分析如图6.6(b)所示，此时系统的临界功能函数可表示为：

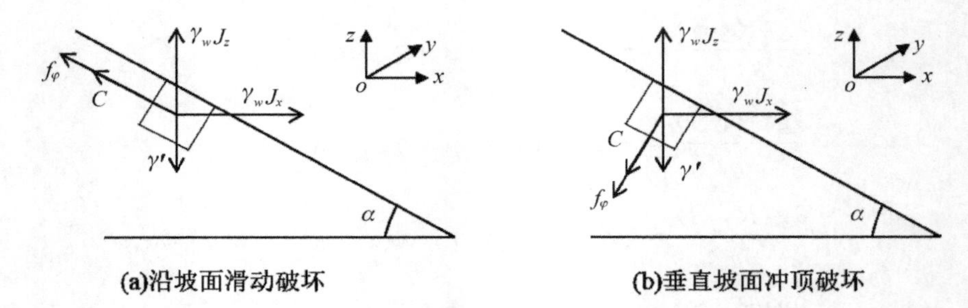


图 6.6 堤防背水坡单位土体受力分析

$$g(R,\ S)=\gamma'\cos\alpha+f_\varphi+C-\gamma_w J_z\cos\alpha-\gamma_w J_x\sin\alpha \tag{6.40}$$

其中，$f_\varphi=(\gamma'\sin\alpha+\gamma_w J_x\cos\alpha-\gamma_w J_z\sin\alpha)\tan\varphi$，将功能函数 $g(R,\ S)$ 分别对随机变量 $J_x$，$J_z$，$C$，$\varphi$ 求偏导，可得：

$$\begin{aligned}
\frac{\partial g(R,\ S)}{\partial J_x}&=\gamma_w\cos\alpha\tan\varphi-\gamma_w\sin\alpha\\
\frac{\partial g(R,\ S)}{\partial J_z}&=-\gamma_w\sin\alpha\tan\varphi-\gamma_w\cos\alpha\\
\frac{\partial g(R,\ S)}{\partial \varphi}&=(\gamma'\sin\alpha+\gamma_w J_x\cos\alpha-\gamma_w J_z\sin\alpha)\sec^2\varphi\\
\frac{\partial g(R,\ S)}{\partial C}&=1
\end{aligned} \tag{6.41}$$

(3) 下游堤基渗流出口处临界状态功能函数求解

在堤基渗流出口处区域③附近，渗流主要为自下而上的 $z$ 方向渗流，因而可忽略 $J_x$ 的影响。单元土体的受力分析如图 6.7 所示，此时系统的临界功能函数可表示为：

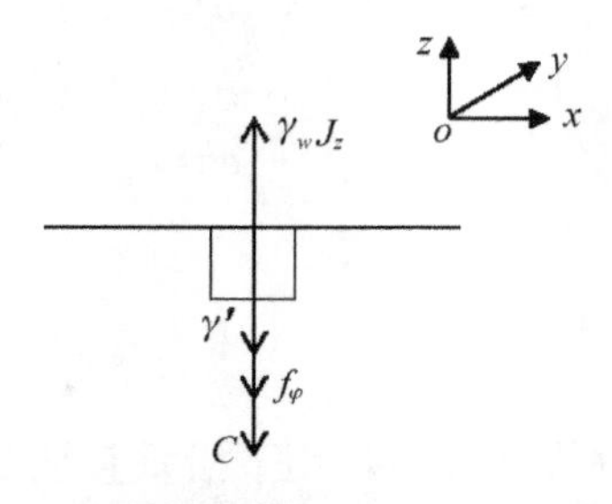


图 6.7 下游堤基渗流出口处单位土体受力分析

$$g(R,\ S)=\gamma'+f_{\varphi}+C-\gamma_w J_z \tag{6.42}$$

当单元土体处于临界状态时，土体受到向上的渗流力作用而松动，此时可认为单元土体之间的摩擦力趋于0，由于摩擦力是抗力，故忽略摩擦力的影响可进一步提高安全性，此时，功能函数变为：

$$g(R,\ S)=\gamma'+C-\gamma_w J_z \tag{6.43}$$

将功能函数 $g(R,\ S)$ 分别对随机变量 $J_z$，$C$ 求偏导，可得：

$$\begin{aligned}\frac{\partial g(R,\ S)}{\partial J_z}&=-\gamma_w\\ \frac{\partial g(R,\ S)}{\partial C}&=1\end{aligned} \tag{6.44}$$

需要注意的是，如果对堤防整个迎水坡、背水坡和下游渗流出口处所有区域进行分析，则需要注意，在孔压小于0的区域，即自由面以上区域，可认为没有渗流发生，此时 $J_x$、$J_z$ 及其标准差均为0，$\gamma'$ 将被土体重度 $\gamma$ 取代，然后将新的取值代入临界状态功能函数进行计算求解。

## 6.4.2　程序编制

基于本章第6.2节陈述的JC法基本理论，在Compaq Visual Fortran 6.6编译环境下，作者编写了可用于求解堤防局部渗透失稳的可靠度分析程序，在考虑堤防不同区域渗流失稳临界状态的功能函数时，按照第6.4.1小节所述建立了功能函数，同时得出功能函数在不同破坏模式下对各随机变量的偏导数，当按照传统JC法计算不能收敛时，采用基于拉格朗日算子的改进JC法程序进行计算。程序的前置为堤防渗流随机有限元分析，读取结果后，将随机渗流场各点的水力梯度视为随机变量，其分布可为正态分布或对数正态分布，分别在图6.4的①、②、③区域附近分五种工况进行渗流破坏可靠度分析，程序流程如图6.8所示。

## 6.4.3　堤防分区破坏风险概率分析

本书第四章利用三维非稳定渗流随机有限元程序计算了堤防在水位迅速升高和骤降情况下的随机渗流场，其中，土体渗透系数变异系数由小到大取值，并对不同时间点的随机渗流场进行了分析，为了便于比较，本小节利用

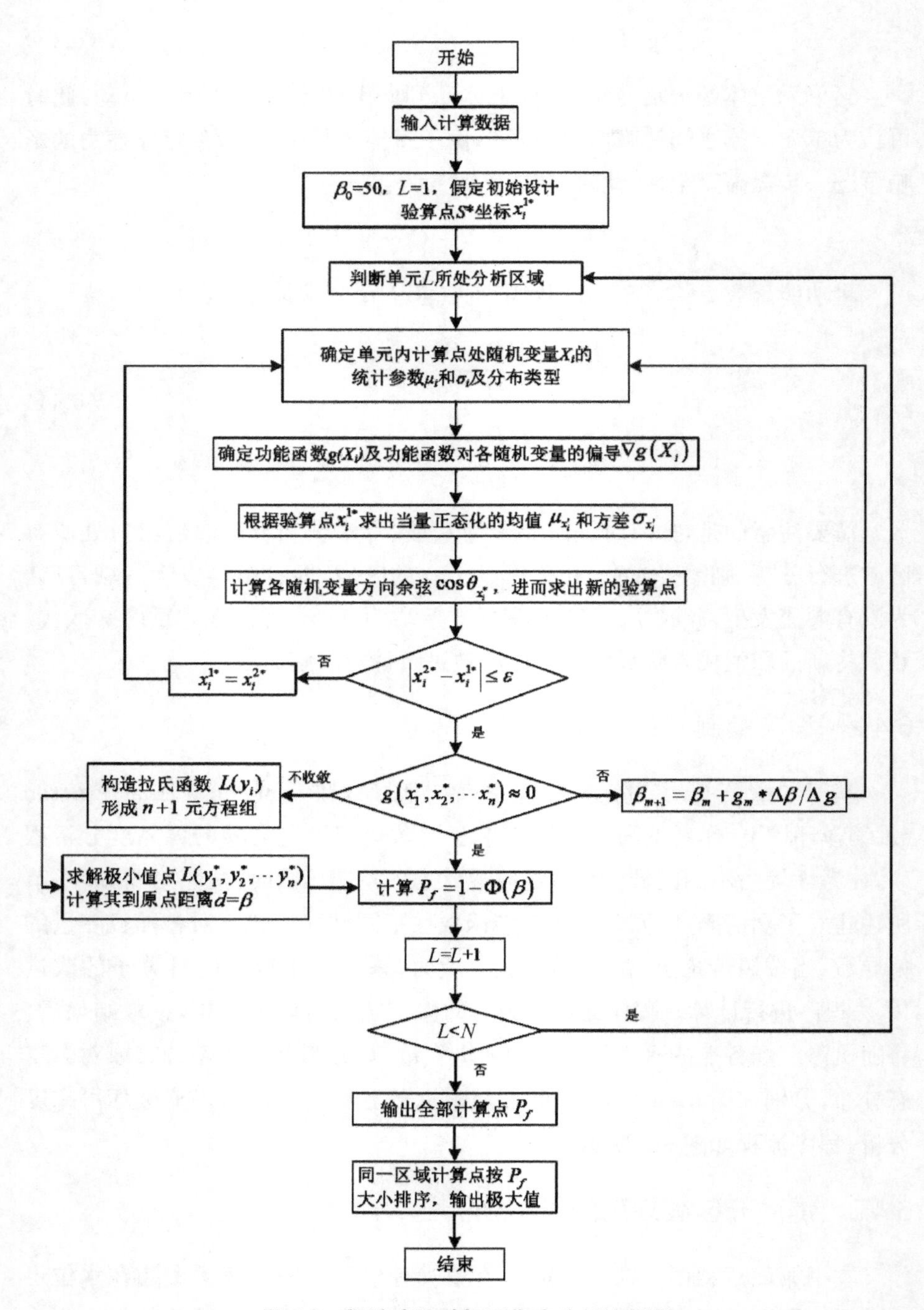


图 6.8　堤防渗流破坏可靠度分析流程图

6.4.2节编制程序，对水位迅速升高时，堤防不同变异系数和不同时间点的渗透破坏可靠度进行了分析，分析中，需要的水力梯度及其标准差由(4.3)节水位迅速上升算例提供。表6.1～表6.2列出了迎水坡和背水坡观测点水力梯度的变异系数值，根据JC法适用条件，当Cov≤1时，两侧水力梯度变异系数均小于0.3，采用改进JC法求解堤防失稳风险概率；当Cov＞1时，变异系数多大于0.3，此时，采用蒙特卡罗法求解堤防失稳风险概率，抽样次数选取1.00E+05次。

**表6.1　迎水坡水力梯度变异系数表**

| 渗透系数变异系数 | 时间 | | | | | | | | |
|---|---|---|---|---|---|---|---|---|---|
| | 0 h | 24 h | 48 h | 120 h | 360 h | 600 h | 1 080 h | 1 800 h | 2 520 h |
| 0.1 | 0.038 | 0.044 | 0.046 | 0.046 | 0.045 | 0.045 | 0.045 | 0.045 | 0.045 |
| 0.3 | 0.107 | 0.107 | 0.107 | 0.107 | 0.107 | 0.107 | 0.107 | 0.107 | 0.107 |
| 0.5 | 0.164 | 0.163 | 0.162 | 0.162 | 0.163 | 0.163 | 0.163 | 0.163 | 0.163 |
| 0.7 | 0.212 | 0.212 | 0.212 | 0.212 | 0.212 | 0.212 | 0.212 | 0.212 | 0.212 |
| 1 | 0.267 | 0.274 | 0.276 | 0.276 | 0.275 | 0.275 | 0.275 | 0.275 | 0.275 |
| 2 | 0.368 | 0.411 | 0.424 | 0.422 | 0.421 | 0.419 | 0.418 | 0.418 | 0.418 |
| 3 | 0.412 | 0.495 | 0.521 | 0.518 | 0.514 | 0.512 | 0.510 | 0.509 | 0.509 |

**表6.2　背水坡水力梯度变异系数表**

| 渗透系数变异系数 | 时间 | | | | | | | | |
|---|---|---|---|---|---|---|---|---|---|
| | 0 h | 24 h | 48 h | 120 h | 360 h | 600 h | 1 080 h | 1 800 h | 2 520 h |
| 0.1 | 0.024 | 0.028 | 0.032 | 0.034 | 0.036 | 0.038 | 0.039 | 0.039 | 0.039 |
| 0.3 | 0.098 | 0.100 | 0.101 | 0.102 | 0.103 | 0.103 | 0.103 | 0.103 | 0.103 |
| 0.5 | 0.157 | 0.157 | 0.158 | 0.158 | 0.159 | 0.159 | 0.159 | 0.159 | 0.159 |
| 0.7 | 0.200 | 0.202 | 0.204 | 0.205 | 0.206 | 0.206 | 0.207 | 0.207 | 0.207 |
| 1 | 0.244 | 0.249 | 0.256 | 0.259 | 0.262 | 0.263 | 0.265 | 0.265 | 0.265 |
| 2 | 0.280 | 0.305 | 0.346 | 0.358 | 0.375 | 0.383 | 0.390 | 0.392 | 0.392 |
| 3 | 0.251 | 0.299 | 0.381 | 0.402 | 0.434 | 0.451 | 0.465 | 0.468 | 0.469 |

陈立宏等[201]整理了众多水利工程中土体的抗剪强度资料，通过K-S正交展开法对数据的概率密度函数进行了分析发现，对数分布和对数正态分布的概率密度函数均与土体抗剪强度指标吻合较好。陈炜韬等[202]以长序列隧道浅埋段围岩抗剪强度参数为基础，采用概率分布的贝叶斯统计方法对黏性土黏聚力和内摩擦角进行优化，结果表明，黏土质隧道围岩的抗剪强度指标

最优化分布概型分别为正态分布和对数正态分布。此外由于土体容重的变异性不大，计算中将其视为确定值而忽略其变异性。表6.3 列出了计算中采用的土体抗剪强度参数及土体和水的容重。

**表 6.3　土体抗剪强度参数及容重**

| 堤防 | 种类 | 容重 | 内摩擦角 $\varphi$(°) | | 黏聚力 $C$(kPa) | |
|---|---|---|---|---|---|---|
| | | kN/m³ | 均值 | 标准差 | 均值 | 标准差 |
| 堤身 | 重粉质壤土 | 18.8 | 19 | 5.7 | 15 | 4.5 |
| 堤基 1 | 重粉质壤土 | 18.8 | 20 | 6 | 10 | 3 |
| 堤基 2 | 重粉质砂壤土 | 18.5 | 30 | 9 | 9 | 3 |

表 6.4 为土体渗透系数变异系数取 0.1 时得出的堤防渗流破坏可靠度分析结果，其中冲顶指单元土体在渗流力作用下沿垂直坡面方向的冲顶破坏，滑坡指单元土体在渗流力作用下沿迎水坡坡面下滑产生破坏。由于表格空间的原因，在每种变异系数取值下，并未列出 2 520 h 时的计算结果，由于在非稳定分析的末期阶段，渗流场趋于稳定，可近似地认为 2 520 h 时和 1 800 h 时相一致。

**表 6.4　渗透系数变异系数取 0.1 时堤防不同时刻可靠度及风险概率表**

| 时间 | | 0 h | 24 h | 48 h | 120 h | 360 h | 600 h | 1 080 h | 1 800 h |
|---|---|---|---|---|---|---|---|---|---|
| 背水坡冲顶 | $\beta$ | 7.154 878 | 6.906 074 | 6.633 885 | 6.577 063 | 6.489 177 | 6.430 058 | 6.375 608 | 6.359 318 |
| | $P_f$ | 4.19E-13 | 2.49E-12 | 1.63E-11 | 2.40E-11 | 4.32E-11 | 6.38E-11 | 9.11E-11 | 1.01E-10 |
| 背水坡滑坡 | $\beta$ | 2.848 951 | 2.831 824 | 2.808 361 | 2.754 918 | 2.664 547 | 2.604 873 | 2.553 872 | 2.541 946 |
| | $P_f$ | 2.19E-03 | 2.31E-03 | 2.49E-03 | 2.94E-03 | 3.85E-03 | 4.60E-03 | 5.33E-03 | 5.51E-03 |
| 堤基平面 | $\beta$ | 8.728 726 | 8.315 511 | 7.852 836 | 7.762 022 | 7.637 451 | 7.559 936 | 7.489 116 | 7.468 881 |
| | $P_f$ | 1.29E-18 | 4.57E-17 | 2.00E-15 | 4.22E-15 | 1.11E-14 | 2.02E-14 | 3.46E-14 | 4.04E-14 |
| 迎水坡滑坡 | $\beta$ | 3.108 871 | 3.112 863 | 3.108 17 | 3.106 455 | 3.105 676 | 3.105 557 | 3.105 525 | 3.105 522 |
| | $P_f$ | 9.39E-04 | 9.26E-04 | 9.41E-04 | 9.47E-04 | 9.49E-04 | 9.50E-04 | 9.50E-04 | 9.50E-04 |

由表 6.4 可以看到，当变异系数为 0.1 时，堤防背水坡两种破坏模式下，求得的背水坡可靠度 $\beta$ 均随着时间的增加而减小，同时相应的风险概率 $P_f$ 逐渐增大，并且在非稳定渗流的末期阶段，由于随机渗流场逐渐趋于稳定，可靠度分析结果变化量也逐渐减小。两种破坏模式计算所得可靠度差异较大，当考虑冲顶破坏时，整个渗流过程 $\beta$ 最小值为 6.359 318，对应的风险概率数

量级为 $10^{-10}$ 次方，说明了在该工况下背水坡几乎不可能发生冲顶破坏；考虑滑坡破坏时，计算所得 $\beta$ 远小于冲顶时的结果，此时 $\beta$ 最小值为 2.541 946，相应的 $P_f$ 为 5.51E－03，说明了背水坡发生滑坡破坏的概率远远高于冲顶破坏。

对堤基来说，其相应最小 $\beta$ 值为 7.468 881，$P_f$ 值为 4.04E－14，说明了此时堤基渗流溢出点附近发生渗流破坏的概率极小，其概率小于背水坡的破坏概率。这也与常识相吻合，作者在参与固城湖和石臼湖堤防加固工程项目和分淮入沂项目中，见到了较多的背水坡发生渗流破坏的情况，如图 6.9 所示。

对于迎水坡，当水位上升时，滑坡破坏可靠度 $\beta$ 随着时间的增大呈现先增大后减小的现象，对应的 $P_f$ 值呈现出先减小后增大的趋势，其最大风险概率为 9.50E－04，由冲顶破坏模式下的功能函数可知，其破坏概率可视为 0，说明了该工况下，迎水坡发生滑坡破坏的概率远远高于冲顶破坏。

**图 6.9　汛期高水位引起的堤防渗透破坏**

表 6.5～表 6.10 为土体渗透系数变异系数分别取 0.3～3 时得出的堤防渗流破坏可靠度 $\beta$ 及相应风险概率 $P_f$ 表。

**表 6.5　渗透系数变异系数取 0.3 时堤防不同时刻可靠度及风险概率表**

| 时间 | 0 h | 24 h | 48 h | 120 h | 360 h | 600 h | 1 080 h | 1 800 h |
|---|---|---|---|---|---|---|---|---|
| 背水坡 $\beta$ | 7.145 451 | 6.886 986 | 6.599 099 | 6.537 242 | 6.445 067 | 6.380 339 | 6.320 821 | 6.303 531 |
| 冲顶 $P_f$ | 4.49E－13 | 2.85E－12 | 2.07E－11 | 3.13E－11 | 5.78E－11 | 8.83E－11 | 1.30E－10 | 1.45E－10 |
| 背水坡 $\beta$ | 2.848 5 | 2.831 236 | 2.804 761 | 2.750 48 | 2.659 509 | 2.600 98 | 2.552 974 | 2.543 098 |
| 滑坡 $P_f$ | 2.20E－03 | 2.32E－03 | 2.52E－03 | 2.98E－03 | 3.91E－03 | 4.65E－03 | 5.34E－03 | 5.49E－03 |
| 堤基 $\beta$ | 8.694 485 | 8.249 203 | 7.742 573 | 7.646 147 | 7.508 435 | 7.422 645 | 7.344 166 | 7.325 494 |
| 平面 $P_f$ | 1.74E－18 | 1.11E－16 | 4.88E－15 | 1.03E－14 | 2.99E－14 | 5.74E－14 | 1.03E－13 | 1.19E－13 |
| 迎水坡 $\beta$ | 3.108 996 | 3.112 237 | 3.107 031 | 3.105 335 | 3.104 652 | 3.104 773 | 3.104 516 | 3.104 525 |
| 滑坡 $P_f$ | 9.39E－04 | 9.28E－04 | 9.45E－04 | 9.50E－04 | 9.53E－04 | 9.52E－04 | 9.53E－04 | 9.53E－04 |

**表 6.6　渗透系数变异系数取 0.5 时堤防不同时刻可靠度及风险概率表**

| 时间 | 0 h | 24 h | 48 h | 120 h | 360 h | 600 h | 1 080 h | 1 800 h |
|---|---|---|---|---|---|---|---|---|
| 背水坡 $\beta$ | 7.130 51 | 6.856 885 | 6.548 109 | 6.478 804 | 6.376 927 | 6.304 504 | 6.237 372 | 6.221 155 |
| 冲顶 $P_f$ | 5.00E－13 | 3.52E－12 | 2.91E－11 | 4.62E－11 | 9.03E－11 | 1.45E－10 | 2.22E－10 | 2.47E－10 |
| 背水坡 $\beta$ | 2.847 436 | 2.829 963 | 2.802 376 | 2.746 57 | 2.653 855 | 2.593 179 | 2.547 284 | 2.537 484 |
| 滑坡 $P_f$ | 2.20E－03 | 2.33E－03 | 2.54E－03 | 3.01E－03 | 3.98E－03 | 4.75E－03 | 5.43E－03 | 5.58E－03 |
| 堤基 $\beta$ | 8.640 866 | 8.146 757 | 7.575 855 | 7.47E＋00 | 7.310 628 | 7.217 661 | 7.128 714 | 7.107 555 |
| 平面 $P_f$ | 2.79E－18 | 2.22E－16 | 1.79E－14 | 4.11E－14 | 1.33E－13 | 2.64E－13 | 5.07E－13 | 5.91E－13 |
| 迎水坡 $\beta$ | 3.108 384 | 3.111 043 | 3.105 093 | 3.103 556 | 3.103 212 | 3.103 134 | 3.102 944 | 3.102 974 |
| 滑坡 $P_f$ | 9.41E－04 | 9.32E－04 | 9.51E－04 | 9.56E－04 | 9.57E－04 | 9.57E－04 | 9.58E－04 | 9.58E－04 |

**表 6.7　渗透系数变异系数取 0.7 时堤防不同时刻可靠度及风险概率表**

| 时间 | 0 h | 24 h | 48 h | 120 h | 360 h | 600 h | 1 080 h | 1 800 h |
|---|---|---|---|---|---|---|---|---|
| 背水坡 $\beta$ | 7.112 518 | 6.820 062 | 6.482 566 | 6.407 253 | 6.296 228 | 6.217 138 | 6.140 871 | 6.120 253 |
| 冲顶 $P_f$ | 5.70E－13 | 4.55E－12 | 4.51E－11 | 7.41E－11 | 1.52E－10 | 2.53E－10 | 4.10E－10 | 4.67E－10 |
| 背水坡 $\beta$ | 2.846 248 | 2.828 523 | 2.799 708 | 2.743 491 | 2.645 992 | 2.586 93 | 2.540 512 | 2.530 613 |
| 滑坡 $P_f$ | 2.21E－03 | 2.34E－03 | 2.56E－03 | 3.04E－03 | 4.07E－03 | 4.84E－03 | 5.53E－03 | 5.69E－03 |
| 堤基 $\beta$ | 8.576 499 | 8.024 203 | 7.380 43 | 7.257 36 | 7.081 81 | 6.977 317 | 6.882 32 | 6.853 798 |
| 平面 $P_f$ | 4.89E－18 | 5.55E－16 | 7.89E－14 | 1.97E－13 | 7.11E－13 | 1.50E－12 | 2.94E－12 | 3.60E－12 |
| 迎水坡 $\beta$ | 3.108 021 | 3.109 802 | 3.102 639 | 3.101 302 | 3.101 144 | 3.101 156 | 3.101 237 | 3.101 29 |
| 滑坡 $P_f$ | 9.42E－04 | 9.36E－04 | 9.59E－04 | 9.63E－04 | 9.64E－04 | 9.64E－04 | 9.64E－04 | 9.63E－04 |

表 6.8　渗透系数变异系数取 1 时堤防不同时刻可靠度及风险概率表

| 时间 | | 0 h | 24 h | 48 h | 120 h | 360 h | 600 h | 1 080 h | 1 800 h |
|---|---|---|---|---|---|---|---|---|---|
| 背水坡冲顶 | $\beta$ | 7.081 232 | 6.760 43 | 6.380 218 | 6.295 156 | 6.166 257 | 6.076 631 | 5.989 96 | 5.963 245 |
| | $P_f$ | 7.14E-13 | 6.88E-12 | 8.84E-11 | 1.54E-10 | 3.50E-10 | 6.14E-10 | 1.05E-09 | 1.24E-09 |
| 背水坡滑坡 | $\beta$ | 2.842 471 | 2.826 472 | 2.795 918 | 2.738 71 | 2.639 544 | 2.576 673 | 2.526 678 | 2.516 5 |
| | $P_f$ | 2.24E-03 | 2.35E-03 | 2.59E-03 | 3.08E-03 | 4.15E-03 | 4.99E-03 | 5.76E-03 | 5.93E-03 |
| 堤基平面 | $\beta$ | 8.470 112 | 7.831 811 | 7.081 824 | 6.939 649 | 6.743 224 | 6.623 718 | 6.510 142 | 6.477 778 |
| | $P_f$ | 1.23E-17 | 2.44E-15 | 7.11E-13 | 1.97E-12 | 7.75E-12 | 1.75E-11 | 3.75E-11 | 4.65E-11 |
| 迎水坡滑坡 | $\beta$ | 3.107 427 | 3.108 004 | 3.098 944 | 3.097 757 | 3.098 091 | 3.098 252 | 3.098 469 | 3.098 379 |
| | $P_f$ | 9.44E-04 | 9.42E-04 | 9.71E-04 | 9.75E-04 | 9.74E-04 | 9.73E-04 | 9.73E-04 | 9.73E-04 |

当渗透系数变异系数大于 1 时，相应水力梯度变异系数大于 0.3，此时采用蒙特卡罗法进行计算，随机抽样次数选取 1.00E+05 次，在计算过程中，背水坡冲顶和堤基平面在给定抽样次数下几乎不发生破坏，而蒙特卡罗法破坏概率等于破坏次数与总抽样次数之比，因此，可认定这两种情况下其破坏概率为 0，由于蒙特卡罗法的特性，这里未给出一个特定的概率解答。如要继续求得更加精确的破坏概率，可选取抽样次数为 1.00E+06 次，但此时，相应计算时间较长，由表 6.4～表 6.8 可知，相应部位最大破坏概率数量级为 $10^{-9}$ 和 $10^{-11}$，结合 1.00E+05 次抽样次数计算结果，可认定其破坏概率为 0。

表 6.9　渗透系数变异系数取 2 时堤防不同时刻可靠度及风险概率表

| 时间 | | 0 h | 24 h | 48 h | 120 h | 360 h | 600 h | 1 080 h | 1 800 h |
|---|---|---|---|---|---|---|---|---|---|
| 背水坡滑坡 | $\beta$ | 2.882 926 | 2.820 158 | 2.784 562 | 2.728 62 | 2.622 06 | 2.549 751 | 2.489 842 | 2.473 491 |
| | $P_f$ | 1.97E-03 | 2.40E-03 | 2.68E-03 | 3.18E-03 | 4.37E-03 | 5.39E-03 | 6.39E-03 | 6.69E-03 |
| 迎水坡滑坡 | $\beta$ | 3.105 434 | 3.102 336 | 2.940 2 | 3.084 346 | 3.087 276 | 3.090 232 | 3.096 227 | 3.093 216 |
| | $P_f$ | 9.50E-04 | 9.60E-04 | 1.64E-03 | 1.02E-03 | 1.01E-03 | 1.00E-03 | 9.80E-04 | 9.90E-04 |

表 6.10　渗透系数变异系数取 3 时堤防不同时刻可靠度及风险概率表

| 时间 | | 0 h | 24 h | 48 h | 120 h | 360 h | 600 h | 1 080 h | 1 800 h |
|---|---|---|---|---|---|---|---|---|---|
| 背水坡滑坡 | $\beta$ | 2.833 787 | 2.816 17 | 2.779 755 | 2.722 449 | 2.611 295 | 2.527 738 | 2.458 806 | 2.443 638 |
| | $P_f$ | 2.30E-03 | 2.43E-03 | 2.72E-03 | 3.24E-03 | 4.51E-03 | 5.74E-03 | 6.97E-03 | 7.27E-03 |
| 迎水坡滑坡 | $\beta$ | 3.102 336 | 2.796 872 | 2.519 265 | 3.006 815 | 3.081 443 | 3.078 565 | 3.081 443 | 3.084 346 |
| | $P_f$ | 9.60E-04 | 2.58E-03 | 5.88E-03 | 1.32E-03 | 1.03E-03 | 1.04E-03 | 1.03E-03 | 1.02E-03 |

由表6.4～表6.10可以看到随着变异系数逐步增大时，堤防背水坡两种破坏模式下，计算所得可靠度$\beta$和风险概率$P_f$均呈现增加趋势，且当变异系数Cov≤1时，风险概率$P_f$变化幅度较小；Cov>1时，$P_f$变化幅度有很大增加。作者认为这是由两方面原因造成的：1)变异系数增幅不同，Cov>1时，变异系数每次增幅为1；2)计算所得$P_f$对应的是系统最不利情况，变异系数增大时，各渗流响应量变异性随之增强，标准差也相应增大，而JC法计算结果是由随机变量的均值和标准差共同决定的。同样对于迎水坡两种破坏模式及堤基平面破坏模式，其计算$P_f$与变异系数呈现类似的规律，这说明了，对于堤防渗流破坏可靠性分析来说，当渗透系数的变异系数增大时，降低了堤防整体的渗流破坏可靠性。

## 6.5 堤防整体破坏力学模型及风险概率分析

### 6.5.1 三维边坡极限平衡理论

在边坡整体稳定性分析中，极限平衡法是常用且行之有效的方法之一，由于其计算简便且精度可满足要求，故许多学者就该法编制了众多的计算程序，Geostudio软件中也有相应的计算模块，但用于实际问题时，往往从二维空间出发，并未考虑边坡的三维稳定性。对三维问题，冯树仁等[203]基于三维极限平衡方法对三维铅垂条块的受力进行了分析，推导了三维边坡安全系数表达式，将滑动面分为四种情况，并给出了相应的确定方法，最后通过工程实例确定了该方法的正确性和可行性，并在2001年进行了文献讨论，其中文献[204, 205]是针对文献[203]的讨论，对三维边坡极限平衡推导过程中的假设问题进行了讨论，针对极限平衡法理论推导过程中不同受力分量的意义和作用进行了探讨，最后对同一算例，在不同假设条件下的安全系数进行了计算，验证了不同受力假设的作用。文献[206, 207]将二维边坡稳定的Spencer扩展到三维边坡，对滑动块三个方向的受力平衡进行了分析，并通过工程实例说明了其可行性。弥宏亮等2002年[208]对二维Spencer法在三维空间的拓展进行了进一步的分析，并通过小湾堆积体三维边坡稳定性实例验证了该法的正确性和可行性。国际上，文献[209]将划分的各个条柱独立出来，忽略了相互之间的作用力，将二维条柱法扩展到了三维。Chen和Chameau[210]提出了利用极限平衡概念进行边坡三维稳定性分析的一般方法即三维扩展 Spencer 法，假设层间力在整个模型范围内具有相同的倾角，并且柱间剪力平行于柱的基础和它们的位置函数。力平衡和力矩平衡满足每个柱以及总质量。对边坡角度、土体抗剪强度参数和孔隙水压力条件进行了分析，并将所得安全系数与二维稳定分析和普通柱法所得到的安全系数进行了比较。Hungr[211]基于简化毕肖普法发展了一种新的三维极限平衡边坡稳定性分析算法，与其他方法相比较，由于包括了柱间力，计算所得安全系数略高。Hungr 等 1989 年[212]对简化毕肖普法和其他基于极限平衡理论的三维边坡稳定性分析理论进行了分析和比较，认为当潜在滑移面为椭球体时，不同方法之间存在良好的对应关系，并就不同方法之间的不同之处进行了论述。文献[213, 214]对三维 Spencer 法进行了改进，分析中满足破坏质量上的力平衡和力矩平衡条件，算例表明平面曲率对平面凹坡稳定性的影响随侧向压力系数的变化而变化。Huang 和 Tsai[215]对三维毕肖普法进行了改进，提出了一种基于双向力矩平衡的三维边坡稳定分析方法，该方法消除了三维稳定性分析中与假定对称平面相关的可能误差，不仅可以计算半球形和复合材料破坏面的安全系数，而且可以计算滑动的可能方向，最后通过两个算例验证该方法的正确性。文献[216-220]针对具体的工程实例对边坡的稳定性进行了分析。文献[221-226]等基于随机方法对土体的承载力和抗剪强度指标进行了分析和验算。

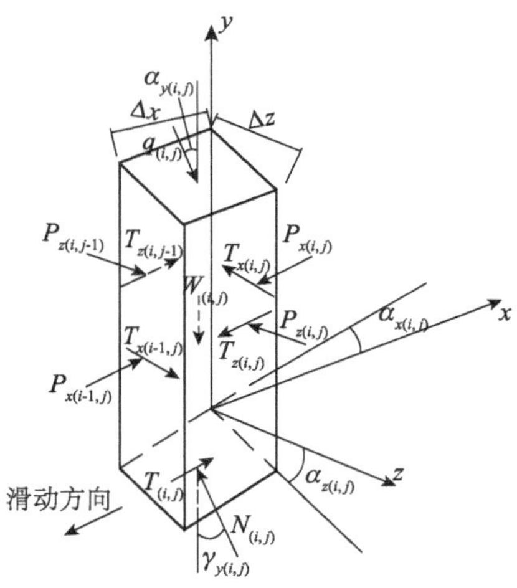

图 6.10　三维条柱受力分析图

本节基于三维扩展简化毕肖普法进行堤防可靠度分析，坐标系选取与本书 3～4 章堤防渗流分析时相同的坐标系，将三维边坡滑块在水平方向（XOY 面）分为若干个条柱，则单个柱体的受力分析如图 6.10 所示。不考虑柱体间垂向剪切力，垂直向受力平衡方程如式(6.45)所示：

$$W_{(i,j)}+q_{(i,j)}\cos\alpha_{y(i,j)}=N_{(i,j)}\cos\gamma_{y(i,j)}+T_{(i,j)}\sin\alpha_{x(i,j)} \quad (6.45)$$

式中，$W_{(i,j)}$ 为单个柱体重力，$N_{(i,j)}$ 为施加在柱体底部的支持力，$T_{(i,j)}$ 为施加在柱体底部的剪切力，$q_{(i,j)}$ 为柱体顶部承受的荷载，$\alpha_{y(i,j)}$ 为 $q_{(i,j)}$ 与 $Y$ 轴方向的夹角，$\gamma_{y(i,j)}$ 为柱体底部支持力 $N_{(i,j)}$ 与 $Y$ 轴方向的夹角，$\alpha_{x(i,j)}$ 为柱体底部在 $X$ 轴方向与 $XOY$ 面的夹角。此时，柱体底部的剪切力可表示为式 6.46。

$$T_{(i,j)}=\frac{A_{(i,j)}}{F_s}[c'_{(i,j)}+(\sigma_{(i,j)}-u_{(i,j)})\tan\varphi'_{(i,j)}] \tag{6.46}$$

式中，$F_s$ 为边坡安全系数，$A_{(i,j)}$ 为柱体底部面积，$c'_{(i,j)}$、$\varphi'_{(i,j)}$ 分别为柱体的有效黏聚力和有效内摩擦角，$u_{(i,j)}$ 为作用在柱体底部的孔隙水压力，$\sigma_{(i,j)}$ 为柱体底部所受总应力。

联立式(6.45)和式(6.46)可得柱体底部所受支持力表达式：

$$N_{(i,j)}=\frac{1}{m_{\alpha(i,j)}}\begin{bmatrix}W_{(i,j)}+q_{(i,j)}\cos\alpha_{y(i,j)}-c'_{(i,j)}A_{(i,j)}\sin\alpha_{x(i,j)}/F_s+\\ +u_{(i,j)}A_{(i,j)}\tan\varphi'_{(i,j)}\sin\alpha_{x(i,j)}/F_s\end{bmatrix} \tag{6.47}$$

其中 $m_{\alpha(i,j)}=\cos\gamma_{y(i,j)}+\dfrac{\sin\alpha_{x(i,j)}\tan\varphi'_{(i,j)}}{F_s}$。

由于柱体处于极限平衡状态，当旋转轴为 $Z$ 轴时，根据力矩平衡原理可得：

$$F_s=\frac{\sum_{i=1}^{m}\sum_{j=1}^{n}\frac{R_{(i,j)}}{m_{\alpha(i,j)}}\begin{bmatrix}(W_{(i,j)}+q_{(i,j)}\cos\alpha_{y(i,j)}-u_{(i,j)}A_{(i,j)}\cos\gamma_{y(i,j)})\tan\varphi'_{(i,j)}\\ +c'_{(i,j)}A_{(i,j)}\cos\gamma_{y(i,j)}\end{bmatrix}}{\sum_{i=1}^{m}\sum_{j=1}^{n}W_{(i,j)}\sin\alpha_{x(i,j)}R_{(i,j)}+Q} \tag{6.48}$$

其中，$Q$ 为堤防边坡中所有柱体中 $q_{(i,j)}$ 产生的总力矩，$R_{(i,j)}$ 为过柱体底部中心点的椭球体截面圆的半径。

对于堤防来说，其迎水坡和背水坡均存在不同的水头边界条件，当分割的柱体位于水位面以下时，柱体顶部承受的荷载 $q_{(i,j)}$ 即为水位在柱体顶部产生的水压力；当柱体顶部高于水头边界时，可令 $q_{(i,j)}=0$，此时 $Q$ 可视为边界水头对滑块产生的力矩，其在数值上等于临界的处于边界水位面以下的滑块同体积水产生的力矩，方向与之相反。

### 6.5.2　堤防整体破坏风险概率求解方法

本书采用王飞[1]建议的方法进行堤防三维边坡整体破坏可靠度及风险概率求解，所不同的是，原文献采用梯度优化法即几何法对边坡的可靠度指标$\beta$进行求解，而本书采用6.2小节所述的改进JC法进行可靠度的求解。下面对其方法进行简述。

采用JC法求解三维边坡整体失稳可靠度时，将土体的抗剪强度指标$c$，$\varphi$及孔隙水压力$u$视为随机变量，并依据其作用将其分别视为系统的抗力$R$和$S$，则系统的功能函数可表示为如下形式。

$$Z=g(R,\ S)=F_s-1 \tag{6.49}$$

此时，求功能函数对各随机变量的偏导数问题可转化为求边坡安全系数$F_s$对各随机变量的偏导的问题。

$$\frac{\partial Z}{\partial(R,\ S)}=\frac{\partial F_s}{\partial(R,\ S)} \tag{6.50}$$

将式(6.48)左端项移到右端，且设函数$f=F_s-F_s$，则函数$f$对各随机变量$c'$，$\varphi'$，$u$，$F_s$的偏导可表示为：

$$\frac{\partial f}{\partial c'}=\frac{\sum_{i=1}^{m}\sum_{j=1}^{n}\frac{1}{m_{\alpha(i,j)}}(A_{(i,j)}\cos\gamma_{y(i,j)})R_{(i,j)}}{\sum_{i=1}^{m}\sum_{j=1}^{n}W_{(i,j)}\sin\alpha_{x(i,j)}R_{(i,j)}+Q} \tag{6.51}$$

$$\frac{\partial f}{\partial\varphi'}=$$

$$\frac{\sum_{i=1}^{m}\sum_{j=1}^{n}\left\{\begin{array}{l}-\frac{1}{m_{\alpha(i,j)}^{2}}\frac{\sin\alpha_{x(i,j)}\sec^{2}\varphi'_{(i,j)}}{F}S_{(i,j)}+\frac{1}{m_{\alpha(i,j)}}[(W_{(i,j)}+\\ q_{(i,j)}\cos\alpha_{y(i,j)}-u_{(i,j)}A_{(i,j)}\cos\gamma_{y(i,j)})\sec^{2}\varphi'_{(i,j)}]\end{array}\right\}R_{(i,j)}}{\sum_{i=1}^{m}\sum_{j=1}^{n}W_{(i,j)}\sin\alpha_{x(i,j)}R_{(i,j)}+Q} \tag{6.52}$$

$$\frac{\partial f}{\partial u(i,\ j)}=\frac{\frac{1}{m_{\alpha(i,j)}}(-A_{(i,j)}\cos\gamma_{y(i,j)}\tan\varphi'_{(i,j)})R_{(i,j)}}{\sum_{i=1}^{m}\sum_{j=1}^{n}W_{(i,j)}\sin\alpha_{x(i,j)}R_{(i,j)}+Q} \tag{6.53}$$

$$\frac{\partial f}{\partial F_s}=\frac{\sum_{i=1}^{m}\sum_{j=1}^{n}-\frac{1}{m_{\alpha(i,j)}^{2}}\frac{\sin\alpha_{x(i,j)}\tan\varphi'_{(i,j)}}{-F^2}S_{(i,j)}R_{(i,j)}}{\sum_{i=1}^{m}\sum_{j=1}^{n}W_{(i,j)}\sin\alpha_{x(i,j)}R_{(i,j)}+Q}-1 \tag{6.54}$$

$$\frac{\partial F_s}{\partial c'}=\frac{\partial f/\partial c'}{\partial f/\partial F_s}=\frac{-\sum_{i=1}^{m}\sum_{j=1}^{n}\frac{1}{m_{\alpha(i,j)}}(A_{(i,j)}\cos\gamma_{y(i,j)})R_{(i,j)}}{\sum_{i=1}^{m}\sum_{j=1}^{n}-\frac{1}{m_{\alpha(i,j)}^{2}}\frac{\sin\alpha_{x(i,j)}\tan\varphi'_{(i,j)}}{-F^2}S_{(i,j)}R_{(i,j)}-M} \tag{6.55}$$

$$\frac{\partial F_s}{\partial \varphi'}=\frac{\sum_{i=1}^{m}\sum_{j=1}^{n}\left\{\begin{aligned}&\frac{1}{m_{\alpha(i,j)}^{2}}\frac{\sin\alpha_{x(i,j)}\ \sec^2\varphi'_{(i,j)}}{F}S_{(i,j)}-\\&\frac{1}{m_{\alpha(i,j)}}[(W_{(i,j)}+q_{(i,j)}\cos\alpha_{y(i,j)})\ \sec^2\varphi'_{(i,j)}]\end{aligned}\right\}R_{(i,j)}}{\sum_{i=1}^{m}\sum_{j=1}^{n}-\frac{1}{m_{\alpha(i,j)}^{2}}\frac{\sin\alpha_{x(i,j)}\tan\varphi'_{(i,j)}}{-F^2}S_{(i,j)}R_{(i,j)}-M} \tag{6.56}$$

$$\frac{\partial F_s}{\partial u_{(i,j)}}=\frac{\frac{1}{m_{\alpha(i,j)}}(A_{(i,j)}\cos\gamma_{y(i,j)}\tan\varphi'_{(i,j)})R_{(i,j)}}{\sum_{i=1}^{m}\sum_{j=1}^{n}-\frac{1}{m_{\alpha(i,j)}^{2}}\frac{\sin\alpha_{x(i,j)}\tan\varphi'_{(i,j)}}{-F^2}S_{(i,j)}R_{(i,j)}-M} \tag{6.57}$$

有 $S_{(i,j)}=(W_{(i,j)}+q_{(i,j)}\cos\alpha_{y(i,j)}-u_{(i,j)}A_{(i,j)}\cos\gamma_{y(i,j)})\tan\varphi'_{(i,j)}+c'_{(i,j)}A_{(i,j)}\cos\gamma_{y(i,j)}$，$M=\sum_{i=1}^{m}\sum_{j=1}^{n}W_{(i,j)}\sin\alpha_{x(i,j)}R_{(i,j)}+Q$。

至此求得了功能函数及功能函数对各随机变量的偏导数，可按 6.4.2 小节所述原理进行程序编写，另外，本计算程序是在王飞计算程序的基础上进行了修改，将改进的 JC 法求解模块直接嵌入到王飞计算程序中，在此特表示对王飞工作的感谢。

### 6.5.3　堤防整体破坏风险概率分析

本小节求解堤防边坡整体失稳时的可靠度与风险概率，模型采用本章第6.4.3小节中的计算模型，其中边界条件和计算参数取值与其保持一致，土体渗透系数的变异系数取值范围为0.1～3，分析需要的随机渗流场数据由第四章水位上升算例提供。根据JC法适用条件，当Cov≤1时，两侧孔压变异系数均小于0.3，采用改进JC法求解堤防失稳风险概率；当Cov＞1时，变异系数多大于0.3，此时，采用蒙特卡罗法求解堤防失稳风险概率，抽样次数选取1.00E＋05次。

表6.11为土体渗透系数变异系数取0.1和0.3时得出的堤防边坡整体破坏可靠度分析结果，可以看到，在相同的变异系数取值下，可靠度$\beta$随着渗流持续时间的增加而逐渐降低，对应的边坡失效概率$P_f$相应地逐步增加，同时边坡的安全系数也随时间的增加而逐步降低，这种现象与实践经验是相吻合的，在汛期由于上游水位的提升，引起了整个渗流场总水头的增加，孔隙水压力也相应增加，而在堤防边坡整体破坏可靠度及风险概率分析理论中，孔隙水压力属于荷载$S$，因此引起了可靠度数值的降低和安全系数的减小。

**表6.11　变异系数取0.1和0.3时堤防在不同时刻可靠度及风险概率表**

| 时间 | Cov=0.1 | | | Cov=0.3 | | |
|---|---|---|---|---|---|---|
| | $\beta$ | $P_f$ | $F_s$ | $\beta$ | $P_f$ | $F_s$ |
| 0 h | 5.504 7 | 1.85E-08 | 2.4 | 4.886 3 | 5.14E-07 | 2.131 |
| 24 h | 5.503 7 | 1.86E-08 | 2.4 | 4.885 2 | 5.17E-07 | 2.13 |
| 48 h | 5.499 | 1.91E-08 | 2.398 | 4.881 8 | 5.26E-07 | 2.129 |
| 120 h | 5.471 6 | 2.23E-08 | 2.389 | 4.863 6 | 5.76E-07 | 2.121 |
| 360 h | 5.300 3 | 5.78E-08 | 2.342 | 4.787 8 | 8.43E-07 | 2.078 |
| 600 h | 5.258 7 | 7.25E-08 | 2.037 | 4.727 | 1.14E-06 | 2.034 |
| 1 080 h | 5.108 6 | 1.62E-07 | 1.966 | 4.637 6 | 1.76E-06 | 1.964 |
| 1 800 h | 4.959 2 | 3.54E-07 | 1.902 | 4.539 5 | 2.82E-06 | 1.899 |
| 2 520 h | 4.684 5 | 1.40E-06 | 1.87 | 4.288 4 | 9.00E-06 | 1.867 |

表 6.12 变异系数取 0.5 和 0.7 时堤防在不同时刻可靠度及风险概率表

| 时间 | Cov=0.5 | | | Cov=0.7 | | |
|---|---|---|---|---|---|---|
| | $\beta$ | $P_f$ | $F_s$ | $\beta$ | $P_f$ | $F_s$ |
| 0 h | 4.125 | 1.85E-05 | 2.127 | 3.777 3 | 7.93E-05 | 2.115 |
| 24 h | 4.124 1 | 1.86E-05 | 2.127 | 3.776 5 | 7.95E-05 | 2.114 |
| 48 h | 4.121 5 | 1.88E-05 | 2.125 | 3.731 4 | 9.52E-05 | 2.113 |
| 120 h | 4.107 5 | 2.00E-05 | 2.117 | 3.695 9 | 1.10E-04 | 2.105 |
| 360 h | 4.059 4 | 2.46E-05 | 2.074 | 3.683 8 | 1.15E-04 | 2.061 |
| 600 h | 4.001 7 | 3.14E-05 | 2.03 | 3.663 5 | 1.24E-04 | 2.017 |
| 1 080 h | 3.937 4 | 4.12E-05 | 1.96 | 3.664 2 | 1.24E-04 | 1.948 |
| 1 800 h | 3.878 3 | 5.26E-05 | 1.896 | 3.623 4 | 1.45E-04 | 1.884 |
| 2 520 h | 3.631 8 | 1.41E-04 | 1.764 | 3.392 2 | 3.47E-04 | 1.753 |

表 6.13 变异系数取 1 时堤防在不同时刻可靠度及风险概率表

| 时间 | Cov=1 | | |
|---|---|---|---|
| | $\beta$ | $P_f$ | $F_s$ |
| 0 h | 3.549 8 | 1.93E-04 | 2.108 |
| 24 h | 3.549 1 | 1.93E-04 | 2.107 |
| 48 h | 3.543 3 | 1.98E-04 | 2.106 |
| 120 h | 3.515 5 | 2.19E-04 | 2.068 |
| 360 h | 3.501 7 | 2.31E-04 | 2.044 |
| 600 h | 3.464 3 | 2.66E-04 | 2.0014 |
| 1 080 h | 3.37 | 3.76E-04 | 1.931 |
| 1 800 h | 3.324 6 | 4.43E-04 | 1.867 |
| 2 520 h | 3.248 2 | 5.81E-04 | 1.736 |

当渗透系数变异系数大于 1 时，计算所得孔压的变异系数大于 0.3，此时采用蒙特卡罗法进行计算，随机抽样次数选取 1.00E+05 次，计算所得可靠度及风险概率如表 6.14 所示：

表 6.14 变异系数取 2 和 3 时堤防在不同时刻可靠度及风险概率表

| 时间 | Cov=2 | | | Cov=3 | | |
|---|---|---|---|---|---|---|
| | $\beta$ | $P_f$ | $F_s$ | $\beta$ | $P_f$ | $F_s$ |
| 0 h | 3.124 678 | 8.90E-04 | 1.948 | 2.814 85 | 2.44E-03 | 1.848 |
| 24 h | 3.121 389 | 9.00E-04 | 1.947 | 2.809 62 | 2.48E-03 | 1.847 |
| 48 h | 3.121 389 | 9.00E-04 | 1.946 | 2.808 325 | 2.49E-03 | 1.846 |
| 120 h | 3.114 912 | 9.20E-04 | 1.908 | 2.805 748 | 2.51E-03 | 1.817 |
| 360 h | 3.111 721 | 9.30E-04 | 1.884 | 2.789 436 | 2.64E-03 | 1.794 |
| 600 h | 3.070 082 | 1.07E-03 | 1.841 4 | 2.772 661 | 2.78E-03 | 1.75 |
| 1 080 h | 3.056 416 | 1.12E-03 | 1.771 | 2.770 327 | 2.80E-03 | 1.682 |
| 1 800 h | 3.053 75 | 1.13E-03 | 1.707 | 2.768 008 | 2.82E-03 | 1.62 |
| 2 520 h | 3.028 219 | 1.23E-03 | 1.576 | 2.760 008 | 2.89E-03 | 1.475 |

表 6.12～表 6.14 为土体渗透系数变异系数取 0.5～3 时得出的堤防边坡整体破坏可靠度分析结果，可以看到，在变异系数取值相同时，堤防边坡整体失稳可靠度、风险概率、安全系数分布规律与表 6.11 所示规律相似。在相同的渗流时刻，$\beta$ 随着变异系数的增加而逐步降低，对应的边坡失稳概率 $P_f$ 则逐渐增加，同时安全系数也随着变异系数的增加而逐渐降低。原因是当变异系数增大时，随机渗流分析所得的渗流场各响应量的标准差也相应增加，这使得参与计算的随机变量可以在更广泛的区间内取值，进而引起失稳风险的增加。

## 6.6 本章小结

JC 法是国际上常用的一种求解系统可靠度的计算方法，也是国内相关行业规范中推荐的一种计算方法，其计算精度能完全满足工程需要，因此被许多学者用来分析和求解水利工程系统的系统可靠度。本章从理论上推导了 JC 法的计算原理和公式，对强非线性功能函数和初始验算点选取不合理情况造成的不收敛问题，由可靠度 $\beta$ 的几何意义出发，基于拉格朗日算子法改进了 JC 法求解过程。分析堤防失稳可靠度和风险概率时，将堤防破坏情况分为局部渗流破坏和整体边坡失稳两种情况，其中，分析局部渗流破坏时，将堤防划分为三个可能的破坏区域，并根据不同区域的受力特点，将破坏模式分为冲顶破坏和滑坡破坏两种，将土体的黏聚力和内摩擦角以及堤防内各点的水力梯度视为随机变量，推导了渗流破坏时的功能函数及其对各随机变量的偏导数表达式；分析堤防边坡整体失稳时，将土体黏聚力和内摩擦角以及堤防内各点的孔隙水压力视为随机变量，推导了相应的功能函数，并根据隐函数求导公式，推导了功能函数对各随机变量的偏导。

JC 法是一种改进的一次二阶矩法，其功能函数通常表示为一阶泰勒展开式，因此，采用 JC 法进行计算时，对抗力 $R$ 或荷载 $S$ 的变异性有所要求，在本章中，当水力梯度或孔压的变异系数小于 0.3 时，采用改进的 JC 法进行风险概率计算，当变异系数大于 0.3 时采用蒙特卡罗法进行计算，以满足对变异性的要求。

基于以上原理和推导，采用 FORTRAN 语言编制了堤防局部渗流破坏可靠度和风险概率计算程序，并对第四章堤防汛期水位迅速上升情况下的失稳风险概率进行了分析，其中，对堤防局部渗透破坏进行分析时，土体渗透系数变异系数分别取 0.1～3 共 7 组，渗流时间分别取 0～1 800 h 共 8 组，针对 56 种组合，分三个区域共五种破坏模式进行了分析。对堤防整体失稳可靠度进行分析时，变异系数分别取 0.1～3 共 7 组，渗流时间分别取 0～2 520 h 共 9 组，针对 63 种组合进行了分析，主要结论如下：

(1) 堤防局部渗流破坏时，在不同变异系数和渗流不同时刻组合下，背水坡冲顶破坏概率远小于滑坡破坏概率，堤基渗流出口处发生局部渗流破坏的概率很小。

(2) 堤防局部渗流破坏时，保持渗流时间不变，堤防在多种破坏模式下，可靠度随着变异系数的增加而减小，相应的失稳风险概率逐步增加；当变异系数不变时，背水坡和堤基渗流出口处，可靠度随着渗流持续时间的增多逐渐降低，相应的失稳风险概率随之提高，而对于迎水坡，可靠度随着渗流持续时间的增加呈现出先增加后减小的规律，相应的破坏概率则出现先减小后增大的趋势。

(3) 堤防边坡整体破坏时，保持计算时刻不变，堤防边坡可靠度随着变异系数的增加而减小，相应的失稳概率随之逐步增加，边坡安全系数逐渐降低；当变异系数固定时，边坡可靠度随着渗流持续时间的增加而逐渐降低，边坡风险概率相应变大，安全系数逐步降低。

第七章

# 结论与展望

## 7.1 本书主要研究内容和结论

中国是一个水资源时空分布严重不平衡的国家，同时又是一个河湖众多的国家，水资源的时空分布不均衡造成了不同地区在特定的季节容易发生旱涝灾害，而河湖众多又决定了在其影响范围内需修筑完善的堤防，防止发生重大水灾害。堤防失事往往伴随着大范围长时段的连续降雨，雨水汇集入河，引起水面上涨，一旦出现大面积滑坡或决堤事件，会引起大范围的水涝灾害，严重威胁人们的生命财产安全，因此需要对堤防的渗透特性和风险进行分析和评价。堤防强烈的时空特性引起土体渗透系数具有显著变异性，仅采用确定性方法进行渗流场分析与实际不符，也不能满足工程需要。将堤防渗透系数视为随机变量，通过试验手段获得均值和标准差，采用本书提出的随机分析方法，增加随机渗流场分析的准确性，缩小由理论到实践的距离。获得渗流场响应量的随机分布特性后，采用国际通用或国内行业规范推荐的方法进行堤防失稳风险分析，进而求出在汛期不同时段，堤防分区破坏的风险概率，研究结果可为堤防工程的论证、设计和建设提供强有力的支撑。本书研究了堤防随机渗透特性时空演化规律，提出了渗透失稳风险预测方法，主要研究内容和结论如下：

（1）本书发展的三维多介质渗透系数随机场能够合理地体现堤防土体的强变异性。基于 LAS 离散技术将随机场由平面拓展到三维多介质，依据实际土层分布建立渗透系数随机场，推导了有限元网格序列计算公式，实现了渗透系数随机场到堤防模型的映射，加深了理论模型和实际工程的联系。探明了变异系数和相关尺度与渗透系数随机场的关系，通过可视化方法对三维多介质随机场计算程序进行了验证。

（2）变异系数表现了土体的不均匀程度，变异系数增大时，土体单元渗透系数差异明显，渗流发生时，水绕过低渗透性单元，主要从高渗透性单元流过，引起溢出点高程降低，自由面位置下降。在堤防工程中，饱和渗流发生在自由面以下，溢出点降低导致了饱和渗流区域节点平均水头呈降低趋势。对于稳定渗流场，堤防迎水坡水头边界固定，背水坡水头边界减小，水头差增大，水流经堤防消耗的势能增加，导致水力梯度增加。

(3) 相关尺度体现了土体之间的关联程度，相关尺度增大时，土体在更大的范围内表现出强关联性，相互影响下，渗透系数趋于一致，在土壤内部形成不同的团块，团块内部，渗透系数相近，团块之间，渗透系数有明显差异。相关尺度可以削弱变异系数的影响，减小土体单元之间的差异，进而影响渗流场响应量变化规律。通常随着相关尺度增大，土体不均匀性降低，渗流场内溢出点高程和平均水头增加，水力梯度降低。

(4) 堤防渗透破坏多发生在汛期，强降雨引起迎水坡水位动态变化，堤防三维非稳定随机渗流分析考虑了动态水头的影响，具有显著的实践和指导意义。研究堤防非稳定随机渗流特性时，基于三维多介质随机场生成计算模型，采用变分原理推导了三维非稳定渗流场的有限元列式，编制了计算程序，对汛期堤防水位动态变化时的随机渗流特性进行了分析，考虑堤防的强变异性，假定土体渗透系数的变异系数取值范围为 0.1～3，随机场相关尺度保持不变，设定 9 个时间参考点，分析了溢出点高程、节点水头及标准差、观测点水力梯度及标准差的变化规律。随着变异系数由 0.1 逐渐增大到 3，计算所得溢出点高程、自由面位置、水头均值随着变异系数的增大而相应降低，观测点处水力梯度及标准差随着变异系数的增大而增大。在水位上升的初期阶段，水力梯度及其标准差随着时间的增加急速上升，并且达到了整个非稳定渗流的最大值，在上游水位稳定后，随着时间的推移，水力梯度及其标准差逐渐缓慢降低，最终取值趋于稳定解。这说明了在水位上升时的危险时刻出现在初期阶段。水位下降时期，迎水坡坡脚附近水力梯度及其标准差最大值随时间变化规律与上升时期相反，在水位下降初期阶段，梯度和标准差最大值急速降低，且达到了整个非稳定渗流的最小值，在上游水位稳定后，随着时间的推移，水力梯度及其标准差缓慢增加，直至趋于稳定解。

(5) 堤防分区破坏时，背水坡冲顶破坏概率远小于滑坡破坏概率，堤基渗流出口处发生局部渗流破坏的概率很小；保持渗流时间不变，在多种破坏模式下，可靠度随着变异系数的增加而减小，相应的失稳风险概率逐步增加；保持变异系数不变，在背水坡和堤基渗流出口处，可靠度随时间增长逐渐降低,失稳风险概率随之提高,对于迎水坡,可靠度先增大后减小,破坏概率与之相反;堤防整体破坏时,保持时间不变,边坡可靠度随着变异系数的增加而减小,失稳概率逐步增加,安全系数逐渐降低;固定变异系数,边坡可靠度随时间延长逐渐降低,失稳概率增大,安全系数逐步降低。

(6) 本书联合三维多介质随机场和大型有限元商业软件 ABAQUS,发展了一种联合求解随机渗流场的方法,通过 ABAQUS 内部命令,格式生成模块化的 input 文件。其实施流程如下:基于三维多介质随机场生成计算模型,映射渗透系数随机场到堤防模型,模块化完成定义截面,定义材料属性,组装实体等过程。将软件的渗流分析模块分为若干子模块,依据软件自身的赋值语句完成边界条件、初始条件的输入,荷载步的设定、自由度的约束、固定荷载的输入、时变荷载(AMP 荷载)的输入等过程。依据实际情况,选取不同的功能模块,可实现饱和/非饱和渗流的联合分析。

## 7.2 展望

本书基于 LAS 随机场离散技术,发展了一种三维多介质随机场模型,通过数字图像处理实现了随机场可视化。将随机场模型与稳定渗流相结合,考虑渗透系数的强变异性,对堤防稳定渗流随机特性进行了研究。考虑汛期水位动态变化,对堤防非稳定渗流场随机特性进行了分析,采用改进的 JC 法计算了堤防渗透破坏风险概率,最后,将三维多介质随机场与 ABAQUS 软件相结合,发展了一种联合求解随机渗流场的方法。本书取得的成果还处于研究的初级阶段,需要进一步的探索和研究:

(1) 随机场数字图像表示方法虽然能直观地展示随机场结构,但实际应用时发现,随着土体单元增加,彼此存在严重的遮挡现象,如需对内部进行观察,必须打开随机场。作者拟在下一步的研究中开展图形分化研究,达到简化结构,突出重点的目的。

(2) 本书在进行随机渗流分析时,并未获得准确的土体变异系数,因而计算结果与实际情况存在一定的差异,对于随机场相关尺度,也存在相同的问题。研究中,仅考虑土体渗透系数的影响,忽略了其他因素的随机性,因此,计算结果是一个单因素影响的随机渗流场,而实际中往往是多个随机因素共同作用,这将是下一步研究工作的重点。

(3) 堤防事故高发期在汛期,往往伴随着较长时间的强降雨过程,从某种意义上说,汛期堤防的非稳定渗流过程同时也是一个非饱和非稳定的降雨入渗过程,研究中忽略了降雨入渗和非饱和渗流的影响,与实际情况存在差异。作者将在下一步的研究中考虑以上因素的影响,以期获得更好的解答。

(4) 对于堤防的渗透失稳问题,有众多的研究方法和理论,如基于弹塑性理论的强度折减法和条分法等,其侧重点各不相同,有的研究甚至考虑了人为因素,将管理作为一种变量引入到分析中。作者将进一步扩大文献阅读量,掌握最新的方法和理论。

(5) 采用联合求解方法分析随机问题时,实现了半自动化操作,但计算次数较多时,这种方法存在着很大的局限性,作者将在下一步研究中逐步实现全自动联合求解。

# 参考文献


[1] 王飞.三维非稳定随机渗流场堤防失稳风险分析[D].南京：河海大学，2011.

[2] 曾刚，孔翔.1954、1998年长江两次特大洪灾形成原因及防治对策初探[J].灾害学，1999，14(4)：22-26.

[3] 闫淑春.2009年全国洪涝灾情[J].中国防汛抗旱，2010，20(1)：68-75.

[4] 人民网.北京7-21特大暴雨遇难者人数升至79人[EB/OL].http://politics.people.com.cn/n/2012/0727/c70731-18613252.html，2012-07-27.

[5] 温海成."75·8"溃坝启示录[J].环境教育，2015，(8)：21-24.

[6] 中华人民共和国水利部.2008年全国水利发展统计公报[M].北京：中国水利水电出版社，2009.

[7] 董哲仁.堤防除险加固实用技术[M].北京：中国水利水电出版社，1998.

[8] Sudicky E A. A natural gradient experiment on solute transport in a sand aquifer: Spatial variability of hydraulic conductivity and its role in the dispersion process[J]. Water Resources Research, 1986, 22(13): 2069-2082.

[9] 张贵金，徐卫亚.岩土工程风险分析及应用综述[J].岩土力学，2005，26(9)：1508-1516.

[10] Hart G C, Collins J D. The Treatment of Randomness in Finite Element Modeling [M]. SAE Shock and Vibrations Symposium. Los Angeles, CA. 1970: 2509-2519.

[11] Shinozuka M, Lenoe E. A probabilistic model for spatial distribution of material properties[J]. Engineering Fracture Mechanics, 1976, 8(1): 217-227.

[12] Astill C J, Imosseir S B, Shinozuka M. Impact Loading on Structures with Random Properties[J]. Journal of Structural Mechanics, 1972, 1(1): 63-77.

[13] Honda T, Tsujiuchi J. Restoration of Linear-motion Blurred Pictures by Image Scanning Method[J]. Optica Acta International Journal of Optics, 1975, 22(6): 537-549.

[14] Combou B. Application of First-order Uncertainty Analysis in the Finite Element Method in Linear Elasticity[C]. The 2nd International Conference on Applications of Statistics and Probability in Soil and Structural Engineering, 1975: 67-87.

[15] Dendrou B A, Houstis E N. An inference-finite element model for field problems[J]. Applied Mathematical Modelling, 1978, 2(2): 109-114.

[16] Beacher G B, Ingra T S. Stochastic FEM In Settlement Predictions[J]. Journal of the Geotechnical Engineering Division, 1981, 107(4): 449-463.

[17] Beacher G B, Christian J T. Reliability and Statisties in Geotechnical Engineering [M]. John Wiley and Sons, 2003.

[18] Handa K, Anderson K. Application of Finite Element Methods in the Statistical Analysis of Structures[C]. Third International Conference on Structural Safety and Reliability, 1981: 409-417.

[19] Hisada T, Nakagiri S. Stochastic Finite Element Method Developed for Structural Safety and Reliability[C]. Third International Conference on Structural Safety and Reliability, 1981: 395-408.

[20] Hisada T, Nakagiri S. Role of the stochastic finite element method in structural safety and reliability[C]. Fourth International Conference on Structural Safety and Reliability 1985: 385-394.

[21] Vanmarcke E. Random Fields: Analysis and synthesis[D]. Cambridge, Mass, 1983.

[22] Vanmarcke E, Grigoriu M. Stochastic Finite Element Analysis of Simple Beams[J]. Journal of Engineering Mechanics, 1983, 109(5): 1203-1214.

[23] Vanmarcke E, Shinozuka M, Nakagiri S, Schuëller G I, Grigoriu M. Random fields and stochastic finite elements[J]. Structural Safety, 1986, 3(3): 143-166.

[24] Belytschko T, Liu W K, Mani A, Besterfield G. Variational Approach to Probabilistic Finite Elements[J]. Journal of Engineering Mechanics, 1988, 114(12): 2115-2133.

[25] Besterfield G, Liu W K, Lawrence M A, Belytschko T. Fatigue crack growth reliability by probabilistic finite elements [J]. Computer Methods in Applied Mechanics & Engineering, 1991, 86(3): 297-320.

[26] Shinozuka M, Deodatis G. Response Variability Of Stochastic Finite Element Systems[J]. Journal of Engineering Mechanics, 1988, 114(3): 499-519.

[27] Yamazaki F, Member A, Shinozuka M, Dasgupta G. Neumann Expansion for Stochastic Finite Element Analysis[J]. Journal of Engineering Mechanics, 1988, 114(8): 1335-1354.

[28] Kiureghian A D, Ke J B. The stochastic finite element method in structural reliability [J]. Probabilistic Engineering Mechanics, 1988, 3(2): 83-91.

[29] Takada T. Weighted integral method in stochastic finite element analysis [J].

Probabilistic Engineering Mechanics, 1990, 5(3): 146-156.

[30] Takada T. Weighted integral method in multi-dimensional stochastic finite element analysis[J]. Probabilistic Engineering Mechanics, 1990, 5(4): 158-166.

[31] Deodatis G. Weighted Integral Method. I: Stochastic Stiffness Matrix[J]. Journal of Engineering Mechanics, 1991, 117(8): 1851-1864.

[32] Deodatis G, Shinozuka M. Weighted Integral Method. II: Response Variability and Reliability[J]. Journal of Engineering Mechanics, 1991, 117(8): 1865-1877.

[33] Shinozuka M, Deodatis G. Simulation of Stochastic Processes by Spectral Representation[J]. Applmechrev, 1991, 44(4): 191-204.

[34] Deodatis G, Wall W, Shinozuka M. Analysis of Two-Dimensional Stochastic Systems by the Weighted Integral Method[M]. Springer Netherlands, 1991.

[35] Shinozuka M, Deodatis G. Stochastic wave models for stationary and homogeneous seismic ground motion[J].Structural Safety, 1991, 10: 235-246.

[36] Bucher C G, Brenner C E. Stochastic response of uncertain systems[J]. Archive of Applied Mechanics, 1992, 62(8): 507-516.

[37] Deodatis G. Simulation of Ergodic Multivariate Stochastic Processes[J]. Journal of Engineering Mechanics, 1996, 122(8): 778-787.

[38] Shinozuka M, Deodatis G. Simulation of Multi-Dimensional Gaussian Stochastic Fields by Spectral Representation[J]. Applied Mechanics Reviews, 1996, 49(1): 29-53.

[39] Deodatis G. Non-stationary stochastic vector processes: seismic ground motion applications[J]. Probabilistic Engineering Mechanics, 1996, 11(3): 149-167.

[40] Rajashekhar M R, Ellingwood B R. A new look at the response surface approach for reliability analysis[J]. Structural Safety, 1993, 12(3): 205-220.

[41] Cornell C A. First order uncertainty analysis in soils deformation and stability[C]. 1st Conf Appl of Statistics and Probability in Soil and Struct Engrg, 1971: 129-144.

[42] Deodatis G. Bounds on Response Variability of Stochastic Finite Element Systems [J]. Journal of Engineering Mechanics 1990, 116(3): 565-585.

[43] Liu W K, Belytschko T, Mani A. Probabilistic finite elements for nonlinear structural dynamics[J]. Computer Methods in Applied Mechanics & Engineering, 1986, 56(1): 61-81.

[44] Liu W K, Belytschko T, Mani A. Random Field Finite Elements[J]. International Journal for Numerical Methods in Engineering, 1986, 23(10): 1831-1845.

[45] Ortiz K. Stochastic Modelling of Fatigue Crack Growth[J]. Engineering Fracture

Mechanics，1985，29(3)：317-334.

[46] Takada T，Shinozuka M. Local Integration Method in Stochastic Finite Element Analysis[C]. The 5th International Conference on Structural Safety and Reliability，1989：1073-1080.

[47] Zhu W Q，Ren Y J. Stochastic finite element method based on local averages of random fields[J]. Acta Mechanica Solida Sinica，1988，1(3)：261-271.

[48] Zhu W Q，Wu W Q. On the local average of random field in stochastic finite element analysis[J]. Acta Mechanica Solida Sinica，1990，3(1)：27-42.

[49] Zhu W Q，Ren Y J，Wu W Q. Stochastic FEM Based on Local Averages of Random Vector Fields[J]. Journal of Engineering Mechanics，1992，118(3)：496-511.

[50] 吴世伟，李同春.重力坝最大可能破坏模式的探讨[J].水利学报，1990，(8)：20-28.

[51] Ren Y，Zhu W，Ding H，Hu H. Statistical Analysis of Bending Stress Intensity Factors for Cracked Plate with Uncertain Parameters[J]. Acta Mechanica Sinica，1991，7(3)：339-346.

[52] 吴世伟.结构可靠度分析[M].北京：人民交通出版社，1990.

[53] 吴世伟，张思俊，吕泰仁，刘宁，李同春.拱坝的失效模式与可靠度[J].河海大学学报，1992，20(2)：88-96.

[54] 刘宁，卓家寿.基于三维弹塑性随机有限元的可靠度计算[J].水利学报，1996，(9)：53-62.

[55] 刘宁，卓家寿.三维弹塑性随机有限元的迭代计算方法研究[J].河海大学学报，1996，24(1)：1-8.

[56] Liu N，Wang Y，Wu S. Reliability analysis of stability of gravity dam with weak layers[C]. International Symposium on Application of Computer Methods in Rock Mechnics and Engineering，1993：1265-1270.

[57] 刘宁，吕泰仁.随机有限元及其工程应用[J].力学进展，1995，25(1)：114-126.

[58] 刘宁.可靠度随机有限元法及其工程应用[M].北京：中国水利水电出版社，2001.

[59] 陈虬.随机有限元法及其工程应用[M].成都：西南交通大学出版社，1993.

[60] 秦权.随机有限元及其进展——Ⅰ.随机场的离散和反应矩的计算[J].工程力学，1994，11(4)：1-10.

[61] 秦权.随机有限元及其进展——Ⅱ.可靠度随机有限元和随机有限元的应用[J].工程力学，1995，12(1)：1-9.

[62] 陆乐，吴吉春，陈景雅.基于贝叶斯方法的水文地质参数识别[J].水文地质工程地质，2008，35(5)：58-63.

[63] 吴吉春，陆乐.地下水模拟不确定性分析[J].南京大学学报（自然科学），2011，47(3)：

227-234.

[64] 陆乐，吴吉春.地下水数值模拟不确定性的贝叶斯分析[J].水利学报，2010，41(3)：264-271.

[65] Liu P L, Kiureghian Armen D. Finite Element Reliability of Geometrically Nonlinear Uncertain Structures[J]. Journal of Engineering Mechanics, 1991, 117(8): 1806-1825.

[66] Hisada T, Noguchi H. Development of a nonlinear stochastic FEM and its application[C]. The 5th Int Conference on Structural Safety and Reliability, 1989: 1097-1104.

[67] Papadrakakis M, Papadopoulos V. A computationally efficient method for the limit elasto plastic analysis of space frames[J]. Computational Mechanics, 1995, 16(2): 132-141.

[68] Schorling Y, Bucher C. Stability Analysis of a Geometrically Imperfect Structure Using a Random Field Model[C]. ASCE Special Conference, 1996: 604-607.

[69] 姚耀武，申超.非线性随机有限元法及其在可靠度分析中的应用[J].岩土工程学报，1996，18(2)：37-46.

[70] Cooley J W, Tukey J W. An algorithm for the machine calculation of complex Fourier series[J]. Mathematics of computation, 1965, 19(90): 297-301.

[71] Matheron G. The intrinsic random functions and their applications[J]. Advances in applied probability, 1973, 5(3): 439-468.

[72] Mantoglou A, Wilson J L. Simulation of random fields with the turning bands method [M]. Ralph M. Parsons Laboratory Hydrology and Water Resources Systems, 1981.

[73] Fenton G A. Simulation and analysis of random fields[D]. Primceton: Princeton University, 1990.

[74] Fenton G A, Vanmarcke E H. Simulation of Random Fields via Local Average Subdivision[J]. Journal of Engineering Mechanics, 1990, 116(8): 1733-1749.

[75] Vanmarcke E H, Fenton G A. Conditioned simulation of local fields of earthquake ground motion[J]. Structural Safety, 1991, 10: 247-264.

[76] Griffiths D V, Fenton G A. Seepage beneath water retaining structures founded on spatially random soil[J]. Géotechnique, 1993, 43(4): 577-587.

[77] Fenton G A, Griffiths D V. Statistics of block conductivity through a simple bounded stochastic medium[J]. Water Resources Research, 1993, 29(6): 1825-1830.

[78] Fenton G A. Error Evaluation of Three Random-Field Generators[J]. Journal of Engineering Mechanics, 1994, 120(12): 2478-2497.

[79] Fenton G A, Griffiths D V. Statistics of Free Surface Flow through Stochastic Earth Dam[J]. Journal of Geotechnical Engineering, 1996, 122(6): 427-436.

[80] Fenton G A. Extreme Hydraulic Gradient Statistics in Stochastic Earth Dam[J]. Journal of Geotechnical and Geoenvironmental Engineering, 1997, 123 (11): 995-1000.

[81] Fenton G A, Griffiths D V. Three-Dimensional Seepage through Spatially Random Soil[J]. Journal of Geotechnical & Geoenvironmental Engineering, 1997, 123(2): 153-160.

[82] Griffiths D V, Fenton G A. Probabilistic Analysis of Exit Gradients due to Steady Seepage[J]. Journal of Geotechnical and Geoenvironmental Engineering, 1998, 124(9): 789-797.

[83] Fenton G A. Random field modeling of CPT data[J]. Journal of Geotechnical & Geoenvironmental Engineering, 1999, 126(12): 486-498.

[84] Fenton G A. Estimation for Stochastic Soil Models[J]. Journal of Geotechnical & Geoenvironmental Engineering, 1999, 125(6): 470-485.

[85] Griffiths D V, Fenton G A, Ziemann H R. Seeking Out Failure: The Random Finite Element Method (RFEM) in Probabilistic Geotechnical Analysis[C]. GeoCongress 2006: Geotechnical Engineering in the Information Technology Age, 2006: 1-6.

[86] Fenton G A, Griffiths D V. Random Field Generation and the Local Average Subdivision Method[M]. Probabilistic Methods in Geotechnical Engineering. Vienna: Springer Vienna. 2007: 201-223.

[87] Fenton G A, Griffiths D V. The Random Finite Element Method (RFEM) in Bearing Capacity Analyses[M]. Probabilistic Methods in Geotechnical Engineering. Vienna: Springer Vienna. 2007: 295-315.

[88] Fenton G A, Griffiths D V. Review of Probability Theory, Random Variables, and Random Fields[M]. Probabilistic Methods in Geotechnical Engineering. Vienna: Springer Vienna. 2007: 1-69.

[89] Fenton G A, Griffiths D V. Best Estimates, Excursions, and Averages[M]. Risk Assessment in Geotechnical Engineering. 2008.

[90] Fenton G A, Griffiths D V, Williams M B. Reliability of traditional retaining wall design[J]. Géotechnique, 2005, 55(1): 55-62.

[91] Griffiths D V, Huang J S, Fenton G A. Influence of spatial variability on slope reliability using 2-D random fields[J]. Journal of Geotechnical & Geoenvironmental Engineering, 2009, 135(10): 1367-1378.

[92] Naghibi F, Fenton G A, Griffiths D V, Bathurst R J. Settlement of Piles Founded in Spatially Variable Soils[C]. GeoCongress 2012: State of the Art and Practice in Geotechnical Engineering, 2012: 2846-2855.

[93] Naghibi F, Fenton G A, Griffiths D V. Serviceability limit state design of deep foundations[J]. Géotechnique, 2014, 64(10): 787-799.

[94] Fenton G A, Naghibi F, Dundas D, Bathurst R J, Griffiths D V. Reliability-Based Geotechnical Design in the 2014 Canadian Highway Bridge Design Code[J]. Canadian Geotechnical Journal, 2015, 53(2): 236-251.

[95] Zhu H, Griffiths D V, Fenton G A, Zhang L M. Undrained failure mechanisms of slopes in random soil[J]. Engineering Geology, 2015, 191: 31-35.

[96] Pieczyńska-Kozłowska J M, Puła W, Griffiths D V, Fenton G A. Influence of embedment, self-weight and anisotropy on bearing capacity reliability using the random finite element method[J]. Computers & Geotechnics, 2015, 67: 229-238.

[97] Fenton G A, Naghibi F, Griffiths D V. On a unified theory for reliability-based geotechnical design[J]. Computers and Geotechnics, 2016, 78: 110-122.

[98] Zhu D, Griffiths D V, Fenton G A. Worst-case spatial correlation length in probabilistic slope stability analysis[J]. Géotechnique, 2019, 69(1): 85-88.

[99] Ahmed A A. Stochastic analysis of free surface flow through earth dams [J]. Computers & Geotechnics, 2009, 36(7): 1186-1190.

[100] Ahmed A A. Stochastic Analysis of Seepage under Hydraulic Structures Resting on Anisotropic Heterogeneous Soils[J]. Journal of Geotechnical and Geoenvironmental Engineering, 2013, 139(6): 1001-1004.

[101] Griffiths D V, Huang J, Fenton G A. Risk Assessment in Geotechnical Engineering: Stability Analysis of Highly Variable Soils[C]. GeoCongress 2012, 2012: 78-101.

[102] Freeze R A. Influence of the Unsaturated Flow Domain on Seepage Through Earth Dams[J]. Water Res Res, 1971, 7(4): 929-941.

[103] Bathe K-J, Khoshgoftaar M R. Finite element free surface seepage analysis without mesh iteration[J]. International Journal for Numerical and Analytical Methods in Geomechanics, 1979, 3(1): 13-22.

[104] Dagan G. Flow and transport in porous formations[M]. Springer Verlag KG, 1989.

[105] Dykaar B B, Kitanidis P K. Determination of the effective hydraulic conductivity for heterogeneous porous media using a numerical spectral approach: 1. Method[J]. Water Resources Research, 1992, 28(4): 1167-1178.

[106] Gelhar L W. Stochastic subsurface hydrology[M]. Prentice-Hall，1993.

[107] Dagan G. Higher-order correction of effective permeability of heterogeneous isotropic formations of lognormal conductivity distribution[J]. Transport in Porous Media，1993，12(3)：279-290.

[108] Cedergren H R. Seepage，Drainage，and Flow Nets，3rd Edition[M]. A Wiley-Interscience publication，1997.

[109] Upadhyaya A，Chauhan H S. Water table fluctuations due to canal seepage and time varying recharge[J]. Journal of Hydrology，2001，244(1)：1-8.

[110] Kahlown M A，Kemper W D. Seepage losses as affected by condition and composition of channel banks[J]. Agricultural Water Management，2004，65(2)：145-153.

[111] Ahmed A A. Saturated-Unsaturated Flow through Leaky Dams[J]. Journal of Geotechnical & Geoenvironmental Engineering，2008，134(10)：1564-1568.

[112] Ahmed A A，Bazaraa A S. Three-Dimensional Analysis of Seepage below and around Hydraulic Structures[J]. Journal of Hydrologic Engineering，2009，14(3)：243-247.

[113] Kemblowski M W. Comment on "A Natural Gradient Experiment on Solute Transport in a Sandy Aquifer：Spatial Variability of Hydraulic Conductivity and Its Role in the Dispersion Process" by E. A. Sudicky[J]. Water Resources Research，1988，24(2)：315-317.

[114] Sudicky E A. Reply [to "Comment on 'A natural gradient experiment on solute transport in a sandy aquifer：Spatial variability of hydraulic conductivity and its role in the dispersion process' by E. A. Sudicky"][J]. Water Resources Research，1988，24(2)：318-319.

[115] Freyberg D L. A Natural Gradient Experiment on Solute Transport in a Sand Aquifer 2. Spatial Moments and the Advection and Dispersion of Nonreactive Tracers[J]. Water Resources Research，1986，22(13)：2031-2046.

[116] Loaiciga H A. Comment on "A natural gradient experiment on solute transport in a sand aquifer，2. Spatial moments and the advection and dispersion of nonreactive tracers" by D. L. Freyberg[J]. Water Resources Research，1988，24(7)：1221-1222.

[117] Winter C L，Tartakovsky D M. Groundwater flow in heterogeneous composite aquifers[J]. Water Resources Research，2002，38(8)：23-21-23-11.

[118] He J H. Approximate analytical solution for seepage flow with fractional derivatives

in porous media[J]. Computer Methods in Applied Mechanics & Engineering, 1998, 167: 57-68.

[119] Chuanmiao C, Hongling H. Global existence of real roots and random Newton flow algorithm for nonlinear system of equations To memorize Qin's method for 770 anniversaries[J]. Science China Mathematics, 2017, 60(7): 1-12.

[120] Smith L, Allan Freeze R. Stochastic Analysis of Steady State Groundwater Flow in a Bounded Domain 2. Two-Dimensional Simulations[J]. Water Resources Research, 1979, 15(6): 1543-1559.

[121] 王飞,王媛,倪小东.渗流场随机性的随机有限元分析[J].岩土力学,2009,30(11): 3539-3542.

[122] 王亚军,张我华,陈合龙.长江堤防三维随机渗流场研究[J].岩石力学与工程学报, 2007,26(9): 1824-1831.

[123] 盛金昌,速宝玉,詹美礼,赵坚.裂隙岩体随机渗流模型及数值分析[J].重庆大学学报: 自然科学版,2000,23(S1): 213-216.

[124] 盛金昌,速宝玉,魏保义.基于 Taylor 展开随机有限元法的裂隙岩体随机渗流分析[J].岩土工程学报,2001,23(4): 485-488.

[125] 李锦辉,王媛,胡强.三维稳定渗流的随机变分原理及有限元法[J].工程力学,2006, 23(6): 21-24.

[126] 宋会彬.复变量表示参数随机性的渗流及边坡稳定研究[D].南京: 河海大学,2014.

[127] 程演,张璐璐,张磊,王建华.基于随机场的非饱和土固结分析[J].上海交通大学学报,2014,48(11): 1528-1535.

[128] 左自波,张璐璐,程演,王建华,何晔.基于 MCMC 法的非饱和土渗流参数随机反分析[J].岩土力学,2013,34(8): 2393-2400.

[129] 张利民,徐耀,贾金生.国外溃坝数据库[J].中国防汛抗旱,2007,(s1): 2-7.

[130] 徐耀,张利民.土石坝溃口发展模式研究[J].中国防汛抗旱,2007,(s1): 18-21.

[131] 李旭,张利民,敖国栋.失水过程孔隙结构、孔隙比、含水率变化规律[J].岩土力学, 2011,32(s1): 100-105.

[132] 吴礼舟,张利民,黄润秋.成层非饱和土渗流的耦合解析解[J].岩土力学,2011,32(8): 2391-2396.

[133] Freeze R A. A stochastic-conceptual analysis of one-dimensional groundwater flow in nonuniform homogeneous media[J]. Water Resources Research, 1975, 11(5): 725-741.

[134] Budhi S. Galerkin Finite Element Procedure for analyzing flow through random media[J]. Water Resources Research, 1978, 14(6): 1035-1044.

[135] Dettinger M D, Wilson J L. First order analysis of uncertainty in numerical models of groundwater flow part: 1. Mathematical development [J]. Water Resources Research, 1981, 17(1): 149-161.

[136] Gutjahr A L, Gelhar L W. Stochastic models of subsurface flow: infinite versus finite domains and stationarity [J]. Water Resources Research, 1981, 17 (2): 337-350.

[137] Mizell S A, Gutjahr A L, Gelhar L W. Stochastic Analysis of Spatial Variability in Two-Dimensional Steady Groundwater Flow Assuming Stationary and Nonstationary Heads[J]. Water Resources Research, 1982, 18(4): 1053-1067.

[138] Yeh T-C J, Gelhar L W, Gutjahr A L. Stochastic Analysis of Unsaturated Flow in Heterogeneous Soils: 1. Statistically Isotropic Media[J]. Water Resources Research, 1985, 21(4): 447-456.

[139] Zhu J, Satish M G. A boundary element method for stochastic flow problems in a semiconfined aquifer with random boundary conditions [J]. Engineering Analysis with Boundary Elements, 1997, 19(3): 199-208.

[140] Roy R V, Grilli S T. Probabilistic analysis of flow in random porous media by stochastic boundary elements [J]. Engineering Analysis with Boundary Elements, 1997, 19(3): 239-255.

[141] Karakostas C Z, Manolis G D. A stochastic boundary element solution applied to groundwater flow[J]. Engineering Analysis with Boundary Elements, 1998, 21(1): 9-21.

[142] Osnes H, Langtangen H P. An efficient probabilistic finite element method for stochastic groundwater flow [J]. Advances in Water Resources, 1998, 22 (2): 185-195.

[143] Ghanem R, Dham S. Stochastic Finite Element Analysis for Multiphase Flow in Heterogeneous Porous Media [J]. Transport in Porous Media, 1998, 32 (3): 239-262.

[144] Zhang D. Stochastic methods for flow in porous media: coping with uncertainties [M]. Academic Press, 2002.

[145] Bruen M P, Osman Y Z. Sensitivity of stream-aquifer seepage to spatial variability of the saturated hydraulic conductivity of the aquifer [J]. Journal of Hydrology, 2004, 293(4): 289-302.

[146] Yang J, Zhang D, Lu Z. Stochastic analysis of saturated-unsaturated flow in heterogeneous media by combining Karhunen-Loeve expansion and perturbation

method[J]. Journal of Hydrology, 2004, 294(3): 18-38.

[147] 姚磊华.地下水水流模型的 Taylor 展开随机有限元法[J].煤炭学报,1996,21(6):566-570.

[148] 姚磊华.地下水模型的 Neumann 展开 Monte-Carlo 随机有限元法[J].煤田地质与勘探,1997,25(4):31-34.

[149] 朱军,陆述远.平面随机渗流场理论初探[J].武汉大学学报(工学版),1999,32(5):16-18.

[150] 姚磊华.地下水水流模型的摄动待定系数随机有限元法[J].水利学报,1999,30(7):60-64.

[151] 陆垂裕,杨金忠,蔡树英,么振东.堤防渗流稳定性的随机模拟[J].中国农村水利水电,2002,(12):76-78.

[152] 王媛,王飞,倪小东.基于非稳定渗流随机有限元的隧洞涌水量预测[J].岩石力学与工程学报,2009,28(10):1986-1994.

[153] 李少龙,杨金忠,蔡树英.非饱和渗流随机模型中水力要素的随机特性研究[J].岩土工程学报,2006,28(10):1273-1276.

[154] Rackwitz R, Flessler B. Structural reliability under combined random load sequences[J]. Computers & Structures, 1978, 9(5): 489-494.

[155] Hasofer A M, Lind N C. Exact and invariant second-moment code format[J]. Journal of the Engineering Mechanics division, 1974, 100(1): 111-121.

[156] Ang A H-S, Cornell C A. Reliability Bases of Structural Safety and Design[J]. Journal of the Structural Division, 1974, 100(9): 1755-1769.

[157] Kiureghian A D, Lin H Z, Hwang S J. Second-Order Reliability Approximations [J]. Journal of Engineering Mechanics, 1987, 113(8): 1208-1225.

[158] Yao T H-J, Wen Y-K. Response Surface Method for Time-Variant Reliability Analysis[J]. Journal of Structural Engineering, 1996, 122(2): 193-201.

[159] Melchers R E. Search-based importance sampling[J]. Structural Safety, 1990, 9(2): 117-128.

[160] Dey A, Mahadevan S. Reliability Estimation with Time-Variant Loads and Resistances[J].Journal of Structural Engineering, 2000, 126(5): 612-620.

[161] Hong H P. Simple Approximations for Improving Second-Order Reliability Estimates[J]. Journal of Engineering Mechanics, 1999, 125(5): 592-595.

[162] 胡志平,罗丽娟.管片衬砌结构可靠度分析的优化方法[J].岩石力学与工程学报,2005,24(22):4145-4150.

[163] 张建仁,许福友.两种求解可靠指标的实用算法[J].工程力学,2002,19(3):

159-165.

[164] 谢小平，黄灵芝，席秋义，黄强，杨百银.基于JC法的设计洪水地区组成研究[J].水力发电学报，2006，25(6)：125-129.

[165] 黄灵芝.JC法理论在设计洪水分析中的应用研究[D].陕西：西安理工大学，2006.

[166] 黄灵芝，司政，杜占科.基于JC法的重力坝深层抗滑稳定研究[J].西北农林科技大学学报(自然科学版)，2015，43(3)：229-234.

[167] 陈东初，梁忠民，栾承梅，王军，常文娟.JC法在鄱阳湖廿四联圩漫顶风险分析中的应用[J].水电能源科学，2013，31(6)：141-143.

[168] 原文林，黄强，席秋义，王义民.JC法在梯级水库防洪安全风险分析中的应用[J]人民黄河，2011，33(8)：14-16.

[169] 杨上清，蒋玉川，帅培建.基于ANSYS和JC法的高土石坝动力可靠度稳定性分析[J].兰州理工大学学报，2012，38(3)：130-133.

[170] 罗丽娟，熊帆，陈悦，夏香波，王瑞.基于ANSYS和JC法的滑坡抗滑桩结构可靠度分析[J].灾害学，2016，31(1)：33-38.

[171] 李典庆，周建方.计算结构可靠度改进的JC法[J].机械设计，2002，19(3)：48-50.

[172] 李继祥，谢桂华，耿树勇，刘建军.计算结构可靠度的JC法改进方法[J].武汉轻工大学学报，2004，23(1)：48-50.

[173] 李继祥，谢桂华，刘建军.JC法在结构可靠度计算中的改进和应用[J].湖南科技大学学报(自然科学版)，2005，20(3)：33-36.

[174] 钱家欢，殷宗泽.土工原理与计算[M].北京：中国水利水电出版社，1996.

[175] 邱德俊，张莉萍.南京市固城湖堤防防洪能力提升工程——工程地质勘察报告[R].南京：南京市水利规划设计院有限责任公司，2013.

[176] 邱德俊，张莉萍.南京市石臼湖堤防防洪能力提升工程——工程地质勘察报告[R].南京：南京市水利规划设计院有限责任公司，2013.

[177] 长江科学院.岳阳长江干堤渗流状态及渗控效果分析[R].武汉：长江科学院，2000.

[178] 长江科学院.武汉市堤渗流状态及渗控效果分析[R].武汉：长江科学院，2000.

[179] 陈刚，王正，陈清华.陈堡油田陈2断块阜宁组阜三段储层非均质性研究[J].油气地质与采收率，2009，(02)：20-23+112.

[180] 朱小影，周红，余训兵.渗透率变异系数的几种计算方法——以麻黄山西区块宁东油田2、3井区为例[J].海洋石油，2009，(02)：23-27.

[181] 朱位秋，任永坚.基于随机场局部平均的随机有限元法[J].固体力学学报，1988，(4)：261-271.

[182] 刘宁.三维可分向量随机场局部平均的三维随机有限元及可靠度计算[J].水利学报，1995，(6)：75-82.

[183] Hoeksema R J, Kitanidis P K. Analysis of Spatial Structure of Properties of Selected Aquifers[J]. Water Resources Research, 1985, 21(4): 563-572.

[184] Huang H, Hu B X, Wen X-H, Shirley C. Stochastic inverse mapping of hydraulic conductivity and sorption partitioning coefficient fields conditioning on nonreactive and reactive tracer test data[J]. Water Resources Research, 2004, 40(1): 1-16.

[185] 张有天,陈平,王镭.有自由面渗流分析的初流量法[J].水利学报,1988,8(1):18-26.

[186] 王媛.求解有自由面渗流问题的初流量法的改进[J].水利学报,1998,29(3):68-73.

[187] 杨金忠,蔡树英,黄冠华,叶自桐.多孔介质中水分及溶质运移的随机理论[M].北京:科学出版社,2000.

[188] 朱红霞.随机场理论在地基可靠度分析中的应用研究[D].天津:天津大学,2007.

[189] 毛昶熙.渗流计算分析与控制[M].北京:水利电力出版社,1990.

[190] 刘杰.裂隙岩体渗流场及其与应力场耦合的参数反问题研究[D].南京:河海大学,2002.

[191] 陈庆强.凸包算法在街面堵控系统中的研究与应用[D].上海:东华大学,2014.

[192] 齐威. ABAQUS 6.14 超级学习手册[M].北京:人民邮电出版社,2016.

[193] 邢万波.堤防工程风险分析理论和实践研究[D].南京:河海大学,2006.

[194] 王洁.堤防工程风险管理及其在外秦淮河堤防中的应用[D].南京:河海大学,2006.

[195] 丁丽.堤防工程风险评价方法研究[D].南京:河海大学,2006.

[196] 吴兴征,赵进勇.堤防结构风险分析理论及其应用[J].水利学报,2003,34(8):79-85.

[197] 吴兴征,丁留谦,张金接.防洪堤的可靠性设计方法探讨[J].水利学报,2003,(4):94-100.

[198] 姜树海,范子武.堤防渗流风险的定量评估方法[J].水利学报,2005,36(8):994-999.

[199] 王卓甫,章志强,杨高升.防洪堤结构风险计算模型探讨[J].水利学报,1998,29(7):0064-0068.

[200] 李锦辉,王媛,胡强.基于随机有限元的堤防渗透失稳概率分析[J].岩土力学,2006,27(10):1847-1850.

[201] 陈立宏,陈祖煜,刘金梅.土体抗剪强度指标的概率分布类型研究[J].岩土力学,2005,26(1):37-40.

[202] 陈炜韬,王玉锁,王明年,郦亚军.黏土质隧道围岩抗剪强度参数的概率分布及优化实例[J].岩石力学与工程学报,2006,25(s2):3782-3787.

[203] 冯树仁,丰定祥,葛修润,谷先荣.边坡稳定性的三维极限平衡分析方法及应用[J].

岩土工程学报,1999,21(6):657-661.

[204] 陈祖煜.关于“边坡稳定性的三维极限平衡分析方法及应用”的讨论[J].岩土工程学报,2001,23(1):127-129.

[205] 冯树仁,丰定祥,葛修润,谷先荣.对“边坡稳定性的三维极限平衡分析方法及应用”讨论的答复[J].岩土工程学报,2001,23(1):129.

[206] 陈祖煜,弥宏亮,汪小刚.边坡稳定三维分析的极限平衡方法[J].岩土工程学报,2001,23(5):525-529.

[207] 张均锋,王思莹,祈涛.边坡稳定分析的三维 Spencer 法[J].岩石力学与工程学报,2005,24(19):3434-3439.

[208] 弥宏亮,陈祖煜,张发明,杜景灿.边坡稳定三维极限分析方法及工程应用[J].岩土力学,2002,23(5):649-653.

[209] Hovland H J. Three-dimensional slope stability analysis method[J]. Journal of Geotechnical and Geoenvironmental Engineering, 1979, 105(GT5): 693-695.

[210] Chen R H, Chameau J L. Three-dimensional limit equilibrium analysis of slopes[J]. Geotechnique, 1983, 32(1): 31-40.

[211] Hungr O. An extension of Bishop's simplified method of slope stability analysis to three dimensions[J]. Geotechnique, 1987, 37(1): 113-117.

[212] Hungr O, Salgado F M, Byrne P M. Evaluation of a three-dimensional method of slope stability analysis[J]. Canadian Geotechnical Journal, 1989, 26(4): 679-686.

[213] Xing Z. Three-Dimensional Stability Analysis of Concave Slopes in Plan View[J]. Journal of Geotechnical Engineering, 1988, 114(6): 658-671.

[214] Lam L, Fredlund D G. A general limit equilibrium model for three-dimensional slope stability analysis[J]. Canadian Geotechnical Journal, 1993, 30(6): 905-919.

[215] Huang C C, Tsai C C. New Method for 3D and Asymmetrical Slope Stability Analysis[J]. Journal of Geotechnical & Geoenvironmental Engineering, 2000, 126(10): 917-927.

[216] 徐军,张利民,郑颖人.基于数值模拟和 BP 网络的可靠度计算方法[J].岩石力学与工程学报,2003,22(03):53-57.

[217] 刘文平,张利民,郑颖人,李旭.三峡库区重庆段滑坡体抗剪及渗透参数研究[J].地下空间与工程学报,2009,5(1):45-49.

[218] 张璐璐,邓汉忠,张利民.考虑渗流参数相关性的边坡可靠度研究[J].深圳大学学报(理工版),2010,27(1):114-119.

[219] 常东升,张利民.土体渗透稳定性判定准则[J].岩土力学,2011,32(s1):253-259.

[220] 张磊,张璐璐,程演,王建华.考虑潜蚀影响的降雨入渗边坡稳定性分析[J].岩土工

程学报,2014,36(9):1680-1687.

[221] Fenton G A, Griffiths D V. Bearing capacity prediction of spatially random c-$\phi$ soil [J]. Canadian Geotechnical Journal 2003, 40(1): 54-65.

[222] Cho S E. Effects of spatial variability of soil properties on slope stability [J]. Engineering Geology, 2007, 92(3): 97-109.

[223] Griffiths D V, Fenton G A. Bearing capacity of spatially random soil: The undrained clay Prandtl problem revisited[J]. Géotechnique, 2001, 51(4): 351-359.

[224] Huang J, Lyamin A V, Griffiths D V, Krabbenhoft K, Sloan S W. Quantitative risk assessment of landslide by limit analysis and random fields[J]. Computers and Geotechnics, 2013, 53(3): 60-67.

[225] Jiang S-H, Li D-Q, Zhang L-M, Zhou C-B. Slope reliability analysis considering spatially variable shear strength parameters using a non-intrusive stochastic finite element method[J]. Engineering Geology, 2014, 168: 120-128.

[226] Zhang L M, Ng A M Y. Probabilistic limiting tolerable displacements for serviceability limit state design of foundations [J]. Géotechnique, 2005, 55 (2): 151-161.